AF560951

LA FIGURE DE LA TERRE,

DÉTERMINÉE

PAR LES OBSERVATIONS

De Messieurs DE MAUPERTUIS, CLAIRAUT, CAMUS, LE MONNIER, de l'Académie Royale des Sciences, & de M. l'Abbé OUTHIER, Correspondant de la même Académie,

Accompagnés de M. CELSIUS, Professeur d'Astronomie à Upsal,

FAITES PAR ORDRE DU ROY

AU CERCLE POLAIRE.

Par M. DE MAUPERTUIS.

A PARIS,
DE L'IMPRIMERIE ROYALE.

M. DCCXXXVIII.

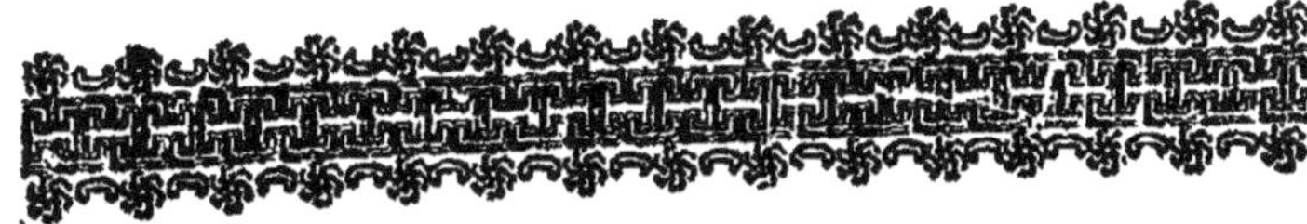

*PRÉFACE.

L'Interest que tout le monde prend à la fameuſe queſtion de la Figure de la Terre, ne nous a point permis de différer de publier cet Ouvrage, juſqu'à ce qu'il parût dans le recueil des Mémoires qui ſont lûs dans nos Aſſemblées. Comme nous voulons expoſer toute notre opération au plus grand jour, afin que chacun puiſſe juger de ſon exactitude, nous donnons nos obſervations elles-mêmes, telles qu'elles ſe ſont trouvées ſur les regiſtres de M.rs Clairaut, Camus, le Monnier, Celſius, l'Abbé Outhier, & ſur le mien, qui ſe ſont tous trouvés conformes les uns aux autres, ſans y faire aucune des corrections qu'ont faites ceux qui nous ont donné de pareils ouvrages: ils ne nous ont donné que les triangles corrigés, & la ſomme

* Cette Préface a été lûë dans l'Aſſemblée publique de l'Académie Royale des Sciences, le 16 Avril 1738.

de leurs angles réduite à 180 degrés juſte; & que les milieux des obſervations pour la détermination de l'Amplitude de l'arc qu'ils ont meſuré, ſans donner les obſervations elles-mêmes.

Nous avons cru devoir au Lecteur, la ſatisfaction de voir les obſervations telles qu'elles ont été faites; la maniére dont elles s'approchent ou s'écartent les unes des autres, le mettra à portée de juger du degré de préciſion qui s'y trouve, ou qui y manque. Enfin il pourra faire lui-même les corrections comme il jugera, & comparer les différents réſultats que produiroient des corrections autrement faites que les nôtres.

Il ſera peut-être bon maintenant de dire quelque choſe de l'utilité de cette entrepriſe, à laquelle eſt jointe celle du Pérou, qui précéda la nôtre, & qui n'eſt pas encore terminée.

Perſonne n'ignore la diſpute qui a duré 50 ans entre les Sçavants, ſur la Figure de la Terre. On ſçait que les uns croyoient que cette figure étoit celle d'un Sphéroïde applati vers les Poles, & que les autres croyoient qu'elle étoit celle d'un Sphéroïde allongé. Cette question, à ne la regarder même que comme une question de simple curiosité, seroit du moins une des plus curieuses dont se puissent occuper les Philosophes & les Géometres. Mais la découverte de la véritable figure de la Terre a des avantages réels, & très-considérables.

Quand la position des lieux seroit bien déterminée sur les Globes & sur les Cartes, par rapport à leur Latitude & leur Longitude, on ne sçauroit connoître leurs distances, si l'on n'a la vraye longueur des degrés, tant du Méridien, que des Cercles paralleles à l'Equateur. Et si l'on n'a pas les distances des lieux bien connuës, à quels périls ne sont pas exposés ceux qui les vont chercher à travers les Mers!

Lorsqu'on croyoit la Terre parfaitement sphérique, il suffisoit d'avoir un seul degré du Méridien bien mesuré; la longueur de tous les autres étoit la même, & donnoit celle des degrés de chaque parallele à l'Equateur. Dans tous les temps, de grands Princes, & de célébres Philosophes avoient entrepris de déterminer la grandeur du degré; mais les mesures des Anciens s'accordoient si peu, que quelques-unes différoient des autres de plus de la moitié; & si l'on adjoûte au peu de rapport qu'elles ont entr'elles, le peu de certitude où nous sommes sur la longueur exacte de leurs Stades & de leurs Milles, on verra combien on étoit éloigné de pouvoir compter sur les mesures de la Terre qu'ils nous ont laissées. Dans ces derniers temps on avoit entrepris des mesures de la Terre, qui, quoiqu'elles fussent exemptes de ce dernier inconvénient, ne nous pouvoient guéres cependant être plus utiles. Fernel, Snellius, Riccioli nous ont donné des longueurs du degré du Méridien, entre lesquelles, réduites à nos mesures, il se trouve encore des différences de près de 8000 toises, ou d'environ la septiéme partie du degré. Et si celle de Fernel s'est trouvée plus juste que les autres, la preuve de cette justesse manquant alors, & les moyens dont il s'étoit servi, ne la pouvant faire présumer, cette mesure n'en étoit pas plus utile, parce qu'on n'avoit point de raison de la préférer aux autres.

Nous ne devons pas cependant passer sous silence, une mesure qui fut achevée en Angleterre en 1635, parce que cette mesure paroît avoir été prise avec soin, & avec un fort grand instrument. Norvood observa en deux années différentes, la hauteur du Soleil au Solstice d'été à Londres & à York, avec un Sextant de plus de 5 pieds de rayon, & trouva la différence de Latitude entre ces deux villes, de 2° 28'. Il mesura ensuite la distance entre ces deux villes, observant les angles de détour, les hauteurs des collines & les descentes; & réduisant le tout à l'arc du Méridien, il trouva 9149 chaînes pour la longueur de cet arc, qui, comparée à la différence en latitude, lui donnoit le degré de 3709 chaînes 5 pieds, ou de 367196 pieds Anglois, qui font 57300 de nos toises.

Louis XIV. ayant ordonné à l'Académie, de déterminer la grandeur de la Terre, on eut bien-tôt un ouvrage qui surpassa tout ce qui avoit été fait jusques-là. M. Picard, d'après une longue base exactement mesurée, détermina par un petit nombre de Triangles, la longueur de l'arc du Méridien compris entre Malvoisine & Amiens, & la trouva de 78850 toises. Il observa avec un Secteur de 10 pieds de rayon, armé d'une Lunette de la même longueur, la différence de Latitude entre Malvoisine & Amiens. Et ayant trouvé cette différence de 1° 22'. 55", il en conclut le degré de 57060 toises.

On pouvoit voir par la méthode qu'avoit suivie M. Picard, & par toutes les précautions qu'il avoit prises, que sa mesure devoit être fort exacte: & le Roy voulut qu'on mesurât de la sorte tout le Méridien qui traverse la France.

M. Cassini acheva cet ouvrage en 1718; il avoit partagé le Méridien de la France en deux arcs, qu'il avoit mesurés séparément; l'un de Paris à Collioure, lui avoit donné le degré de 57097 toises; l'autre de Paris à Dunkerque, de 56960 toises: & la mesure de l'arc entier entre Dunkerque & Collioure, lui donnoit le degré de 57060 toises, égal à celui de M. Picard.

Enfin, M. Musschenbroek, jaloux de la gloire de sa nation, à laquelle il contribuë tant, ayant voulu corriger les erreurs de Snellius, tant par ses propres observations, que par celles de Snellius même, a trouvé le degré entre Alcmaer & Bergopsom, de 29514 perches 2 pieds 3 pouces, mesure du Rhin, qu'il évaluë à 57033 toises 0 pieds 8 pouces de Paris.

Les différences qui se trouvent entre ces derniéres mesures, sont si peu considérables, après celles qui se trouvoient entre les mesures dont nous avons parlé, qu'on peut dire qu'on avoit fort exactement la meſure du degré dans ces climats, & qu'on auroit connu fort exactement la circonférence de la Terre, ſi tous ſes degrés étoient égaux, ſi elle étoit parfaitement ſphérique.

Mais pourquoi la Terre ſeroit-elle parfaitement ſphérique! Dans un ſiécle où l'on veut trouver dans les Sciences toute la préciſion dont elles ſont capables, on n'avoit garde de ſe contenter des preuves que les Anciens donnoient de la ſphéricité de la Terre. On ne ſe contenta pas même des raiſonnements des plus grands Géometres modernes, qui, ſuivant les loix de la Statique, donnoient à la Terre la figure d'un Sphéroïde applati vers les Poles; parce qu'il ſembloit que ces raiſonnements tinſſent toûjours à quelques hypotheſes, quoique ce fût de celles qu'on ne peut guéres ſe diſpenſer d'admettre. Enfin, on ne crut pas les obſervations qu'on avoit faites en France, ſuffiſantes pour aſſûrer à la Terre la figure du Sphéroïde allongé qu'elles lui donnoient.

Le Roy ordonna qu'on mesurât le degré du Méridien vers l'*Equateur*, & vers le *Cercle Polaire ;* afin que non-seulement la comparaison de l'un de ces degrés avec le degré de la France, fît connoître si la Terre étoit allongée ou applatie, mais encore que la comparaison de ces deux degrés extrêmes l'un avec l'autre, déterminât sa figure le plus exactement qu'il étoit possible.

On voit en général, que la figure d'un Sphéroïde applati, tel que M. Newton l'a établi, & celle d'un Sphéroïde allongé, tel que celui dont M. Cassini a déterminé les dimensions dans le Livre *de la Grandeur & Figure de la Terre,* donnent des distances différentes pour les lieux placés sur l'un & sur l'autre aux mêmes Latitudes & Longitudes ; & qu'il est important pour les Navigateurs de ne pas croire naviguer sur l'un de ces Sphéroïdes lorsqu'ils sont sur l'autre. Quant aux lieux qui seroient sous un même Méridien, la différence entre ces distances ne seroit pas fort considérable.

Mais pour des lieux ſitués ſous le même parallele, il y auroit de grandes différences entre leurs diſtances ſur l'un ou ſur l'autre Sphéroïde. Sur des routes de 100 degrés en Longitude, on commettroit des erreurs de plus de 2 degrés, ſi naviguant ſur le Sphéroïde de M. Newton, on ſe croyoit ſur celui du Livre de la Grandeur & Figure de la Terre: Et combien de Vaiſſeaux ont péri pour des erreurs moins conſidérables!

Il y a une autre conſidération à faire: c'eſt qu'avant la détermination de la Figure de la Terre, on ne pouvoit pas ſçavoir ſi cette erreur ne ſeroit pas beaucoup plus grande. Et en effet, ſuivant nos meſures, on ſe tromperoit encore plus, ſi l'on ſe croyoit ſur un Sphéroïde allongé, lorſqu'on navigue ſuivant les Paralleles à l'E'quateur.

Je ne parle point des erreurs qui naîtroient dans les routes obliques, le calcul en ſeroit inutile ici; on voit ſeulement aſſés que ces erreurs ſeroient d'autant plus grandes, que ces routes approcheroient plus de la direction parallele à l'Equateur.

Les erreurs dont nous venons de parler, méritent certainement qu'on y fasse une grande attention : mais si le Navigateur ne sent pas aujourd'hui toute l'utilité dont il lui est que la Figure de la Terre soit bien déterminée ; ce n'est pas la sûreté qu'il a d'ailleurs, qui l'empêche d'en connoître toute l'importance ; c'est plûtôt ce qui lui manque. Il est exposé à plusieurs autres erreurs dans ce qui regarde la direction de sa route, & la vîtesse de son Vaisseau, parmi lesquelles l'erreur qui naît de l'ignorance de la figure de la Terre, se trouve confonduë & cachée. Cependant c'est toûjours une source d'erreur de plus ; & s'il arrive quelque jour (comme on ne peut guéres douter qu'il n'arrive) que les autres éléments de la Navigation soient perfectionnés, ce qui sera de plus important pour lui, sera la détermination exacte de la figure de la Terre.

La connoissance de la Figure de la

Terre eſt encore d'une grande utilité pour déterminer la Parallaxe de la Lune; choſe ſi importante dans l'Aſtronomie. Cette connoiſſance ſervira à perfectionner la théorie d'un Aſtre qui paroît deſtiné à nos uſages, & ſur lequel les plus habiles Aſtronomes ont toûjours beaucoup compté pour les Longitudes.

Enfin, pour deſcendre à d'autres objets moins élevés, mais qui n'en ſont pas moins utiles: on peut dire que la perfection du Nivellement dépend de la connoiſſance de la figure de la Terre. Il y a un tel enchaînement dans les Sciences, que les mêmes éléments qui ſervent à conduire un Vaiſſeau ſur la Mer, ſervent à faire connoître le cours de la Lune dans ſon orbite, ſervent à faire couler les eaux dans les lieux où l'on en a beſoin pour établir la communication.

C'eſt ſans doute pour ces conſidérations, que le Roy ordonna les deux Voyages à l'E'quateur & au Cercle Polaire. Si l'on a fait quelquefois de grandes entrepriſes pour découvrir des Terres, ou chercher des paſſages qui abrégeroient certains voyages, on avoit toûjours eu les vûës prochaines d'une utilité particuliére. Mais la détermination de la Figure de la Terre eſt d'une utilité générale pour tous les peuples, & pour tous les temps.

La magnificence de tout ce qui regarde cette entrepriſe, répondoit à la grandeur de l'objet. Outre les quatre Mathématiciens de l'Académie, M. le Comte de Maurepas nomma encore M. l'Abbé Outhier, dont la capacité dans l'ouvrage que nous allions faire, étoit connuë; M. de Sommereux pour Secretaire, & M. d'Herbelot pour Deſſinateur. Si le grand nombre étoit néceſſaire pour bien exécuter un ouvrage aſſés difficile, dans des pays tels que ceux où nous l'avons fait, ce grand nombre rendoit encore l'ouvrage plus authentique. Et pour que rien ne manquât à ces deux égards, le Roy agréa que M. Celſius Profeſſeur d'Aſtronomie à Upſal, ſe joignît à nous.

Ainſi nous partîmes de France avec tout ce qui étoit néceſſaire pour réuſſir dans notre entrepriſe, & la Cour de Suede donna des ordres qui nous firent trouver tous les ſecours poſſibles dans ſes Provinces les plus reculées. M. le Comte de Caſteja alors Ambaſſadeur en Suede, nous procura les recommandations de cette Cour, avec ſon zele ordinaire pour le ſervice du Roy ; & avec des ſoins & des bontés pour nous, dont les Sciences lui doivent être obligées, ſi nous avons fait quelque choſe pour elles.

Nous avons cru qu'on ne ſeroit pas fâché de voir une courte hiſtoire de nos travaux, qui fut lûë dans la derniére Aſſemblée publique de l'Académie ; & dont nous avons retranché ſeulement quelques réfléxions que nous n'avons pas cru qui ſoient néceſſaires lorſqu'on verra le détail de nos opérations.

Nous avons diviſé le reſte de l'ouvrage en trois Livres, parce qu'il contient des matiéres fort différentes.

On trouvera dans le premier Livre tout

tout ce que nous avons fait pour mesurer l'Arc du Méridien qui coupe le Cercle Polaire, & pour nous assûrer qu'il étoit bien mesuré. Ce Livre est divisé en deux parties ; la premiére contient les premiéres opérations que nous fîmes pour cette mesure ; & la seconde, la répétition de ces opérations, & les vérifications de tout l'ouvrage.

Nous aurions peut-être à excuser une exactitude qui paroîtra trop scrupuleuse à quelques-uns, tant dans nos calculs, que dans le détail des circonstances de nos observations : mais nous avons crû ne pouvoir pousser trop loin cette exactitude dans une matiere qui a été disputée, & qui est d'une si grande importance. M. Clairaut, dont la science est connuë dans des calculs beaucoup plus difficiles que ceux qu'on trouvera dans ce Livre, nous a été d'un grand secours pour ceux-ci.

Ce premier Livre finit par un Probleme que j'avois déja donné dans les Mémoires de l'Académie de 1735, mais que j'ai remis ici, parce que c'eſt ſa véritable place. Il ſert à déterminer la Grandeur & la Figure de la Terre, par les meſures de deux degrés du Méridien: & l'on peut aiſément, par le moyen de ce Probleme, conſtruire une Table des différentes longueurs du degré pour chaque Latitude.

Le ſecond Livre contient pluſieurs obſervations, par leſquelles nous avons déterminé la hauteur du Pole à Torneå & ſur Kittis; la quantité de la Réfraction au Cercle Polaire; & qui déterminent la Longitude de Torneå. Par ces obſervations, nous avons découvert une erreur conſidérable, & importante pour l'Aſtronomie & la Géographie.

En 1695, Charles XI. Roy de Suede avoit envoyé M.rs Spole & Bilberg à Torneå, pour y faire quelques obſervations Aſtronomiques: ces deux Mathématiciens, munis d'inſtruments petits, & peu exacts, obſervérent au Solſtice d'été, différentes hauteurs du Soleil, par leſquelles ils conclurent la hauteur du

Pole à Torneå, de 65° 43', & ne l'auroient dû conclurre que de 65° 40' par leurs propres observations, s'ils avoient employé les éléments convenables. Ayant ainsi déterminé la hauteur du Pole, les observations qu'ils firent de la hauteur Méridienne du Soleil au Nord, leur donnérent les Réfractions à Torneå, presque doubles de ce qu'elles sont en France.

Il y avoit dans tout cela beaucoup d'erreur. La ville de Torneå est de 11' plus septentrionale que leurs observations ne la faisoient. Et les réfractions n'y sont point différentes de ce qu'elles sont à Paris.

Nous avons fait un grand nombre d'observations, par lesquelles la hauteur du Pole à Torneå est de 65° 50' 50"; & nous pouvons croire qu'il y a peu de villes dans l'Europe la plus habitée, dont on ait la Latitude plus exactement que nous avons celle de cette ville. Nous y avons observé plusieurs fois dans les mêmes temps, & même dans le même jour, les deux hauteurs de l'Etoile Polaire, qui est là si élevée, que les réfractions, quand on les ignoreroit, ou qu'on les négligeroit, n'empêchent pas qu'on ne puisse se servir de la hauteur du Pole qu'on auroit déterminée sans en tenir compte, pour examiner ensuite les réfractions horisontales.

D'un autre côté le Soleil, dont on peut prendre dans ces climats, des hauteurs Méridiennes dans l'Horison, donne lieu à plusieurs observations curieuses sur les réfractions horisontales.

Enfin, nous avons eu Venus, qui pendant environ deux mois a paru continuellement sur notre Horison, & dont on a observé plusieurs hauteurs Méridiennes, tant au Midi qu'au Nord.

Toutes ces observations, qui ont été faites avec grand soin, nous ont appris que la réfraction ne différe point à Torneå de ce qu'elle est en France; les différences que nous y avons trouvées, nous ont toûjours paru n'être que celles qui peuvent venir de l'observation même, ou qui peuvent être caufées par les accidents qui arrivent aux réfractions horifontales; & nous n'avons pas cru devoir en conclurre que les réfractions fuffent en effet différentes.

Si donc on trouve les réfractions plus petites vers l'E'quateur qu'à Paris, d'une quantité confidérable, & qu'elles aillent réellement en augmentant de l'E'quateur au Pole; il faut croire que cet accroiffement n'eft pas fenfible dans la diftance de Paris au Cercle Polaire. Et ce que rapportent les Hollandois, qui ayant paffé l'hiver dans la *nouvelle Zemble*, virent le Soleil reparoître fur l'Horifon beaucoup plûtôt qu'il ne le devoit, felon la hauteur du Pole au lieu où ils étoient, ne peut ébranler ce que nous avons trouvé par un grand nombre d'obfervations exactes.

Quant à la Longitude, la fituation de Jupiter dans les fignes Méridionaux, le tint toûjours plongé dans les vapeurs de l'Horifon, dans les temps auxquels nous aurions pû l'obferver; mais nous avons fait plusieurs autres observations, l'une d'une E'clipse horisontale de Lune, les autres d'Occultations des E'toiles par cet Astre, qui nous font croire que l'on peut avec assés de sûreté prendre 1 h 23' pour la différence des Méridiens de Paris & de Torneå. La plûpart de ces observations sont dûës à la vigilance de M. le Monnier & de M. Celsius, qui dans un pays où le Ciel se refuse beaucoup aux observations, étoient continuellement attentifs à n'en laisser échapper aucune de celles qui étoient possibles.

Enfin, le troisiéme Livre contiendra les expériences que nous avons faites sur la Pesanteur dans la *Zone glacée;* matiére, qui, outre l'importance dont elle est pour la Physique générale, a encore une si grande connexion avec la figure de la Terre, que M.rs Newton & Huygens ont cru que la connoissance des différentes Pesanteurs en différents lieux, suffisoit seule pour déterminer cette figure, & la détermineroit plus exactement que ne pourroient faire les mesures actuelles des degrés. Dès que cette augmentation de la Pesanteur vers les Poles fut découverte, ces grands Géometres pensérent que pour conserver l'Equilibre entre les parties qui composent la Terre, pour empêcher que les Mers n'inondassent les parties voisines de l'Equateur, il falloit que la Terre fût plus élevée à l'Equateur qu'aux Poles, où elle devoit être applatie. Selon l'augmentation de la Pesanteur, que nous avons trouvée au Cercle Polaire, l'applatissement de la Terre vers les Poles, doit être encore plus considérable que M. Newton ne l'avoit déterminé. Et les expériences sur la Pesanteur, que les Académiciens envoyés par le Roy, ont faites à l'Equateur, & que nous venons de recevoir, s'accordent en cela avec les nôtres.

Ce troisiéme Livre finit par un Probleme qui sert à trouver les directions de la Gravité primitive, ou les angles qu'elle forme avec la Pesanteur actuelle. J'ai cru devoir donner ici ce Probleme, parce qu'il contient le résultat de toutes nos observations, tant sur la mesure actuelle de la Terre, que sur l'augmentation de la Pesanteur : & qu'on en tire la solution de plusieurs Questions utiles & curieuses sur ces deux matiéres, qui sont nécessairement compliquées l'une avec l'autre.

Nous avons joint à cet ouvrage une Carte, dans laquelle on trouvera toutes nos Montagnes & le pays d'alentour : mais il n'y a que la position des Montagnes où se sont faites nos observations, qui soit déterminée géométriquement.

TABLE
DE CE QUI EST CONTENU DANS CE VOLUME.

LIVRE PREMIER.
PREMIÉRE PARTIE.

SECONDE PARTIE.

LIVRE SECOND.

LIVRE TROISIEME.

Faute à corriger.

Page 130, ligne 13, rayon, *lisés* diametre.

DISCOURS

DISCOURS
QUI A ETE LU
DANS L'ASSEMBLÉE
PUBLIQUE
De l'Académie Royale des Sciences,

Le 13 Novembre 1737.

SUR LA MESURE DU DEGRÉ DU MÉRIDIEN AU CERCLE POLAIRE.

J'Exposai, il y a dix-huit mois, à la même Assemblée, le motif & le projet du Voyage au Cercle Polaire; je vais lui faire part aujourd'hui de l'exécution. Mais il ne sera peut-être pas inutile de rappeller un peu les idées sur ce qui a fait entreprendre ce Voyage.

M. Richer ayant découvert à Cayenne en 1672, que la Pesanteur étoit plus petite dans cette Isle voisine de l'Equateur, qu'elle n'est en France, les Sçavants tournérent leurs vûës vers toutes les conséquences que devoit avoir cette fameuse découverte. Un des plus illustres Membres de l'Académie trouva qu'elle prouvoit également, & le mouvement de la Terre autour de son axe, qui n'avoit plus guére besoin d'être prouvé, & l'applatissement de la Terre vers les Poles, qui étoit un paradoxe. M. Huygens appliquant aux parties qui forment la Terre, la théorie des Forces centrifuges, dont il étoit l'inventeur, fit voir qu'en considérant ses parties comme pesant toutes uniformément vers un centre, & comme faisant leur révolution autour d'un axe; il falloit, pour qu'elles demeurassent en équilibre, qu'elles formassent un Sphéroïde applati vers les Poles. M. Huygens détermina même la quantité de cet applatissement, & tout cela par les Principes ordinaires sur la Pesanteur.

M. Newton étoit parti d'une autre théorie, de l'attraction des parties de la matiére les unes vers les autres, & étoit arrivé à la même conclusion, c'est-à-dire, à l'applatissement de la Terre, quoiqu'il déterminât autrement la quantité de cet applatissement. En effet, on peut dire que lorsqu'on voudra examiner par les loix de la Statique, la figure de la Terre, toutes les théories conduisent à l'applatissement; & l'on ne sçauroit trouver un Sphéroïde allongé, que par des hypotheses assés contraintes sur la Pesanteur.

Dès l'établissement de l'Académie, un de ses premiers soins avoit été la mesure du degré du Méridien de la Terre; M. Picard avoit déterminé ce degré vers Paris, avec une si grande exactitude, qu'il ne sembloit pas qu'on pût souhaiter rien au-delà. Mais cette mesure n'étoit universelle, qu'en cas que la Terre eût été sphérique, & si la Terre étoit applatie, elle devoit être trop longue pour les degrés vers l'Equateur, & trop courte pour les degrés vers les Poles.

Lorsque la mesure du Méridien qui traverse la France, fut achevée, on fut bien surpris de voir qu'on avoit trouvé les degrés vers le Nord plus petits que vers le Midi; cela étoit absolument opposé à ce qui devoit suivre de l'applatissement de la Terre. Selon ces mesures, elle devoit être allongée vers les Poles; d'autres opérations faites sur le Parallele qui traverse la France, confirmoient cet allongement, & ces mesures avoient un grand poids.

L'Académie se voyoit ainsi partagée; ses propres lumiéres l'avoient renduë incertaine, lorsque le Roy voulut faire décider cette grande question, qui n'étoit pas de ces vaines spéculations, dont l'oisiveté ou l'inutile subtilité des Philosophes s'occupe quelquefois, mais qui doit avoir des influences réelles sur l'Astronomie & sur la Navigation.

Pour bien déterminer la figure de la Terre, il falloit comparer ensemble deux degrés du Méridien les plus différents en latitude qu'il fût possible; parce que si ces degrés vont en croissant ou décroissant de l'Equateur au Pole, la différence trop petite entre des degrés voisins, pourroit se confondre avec les erreurs des observations, au lieu que si les deux degrés qu'on compare, sont à de grandes distances l'un de l'autre, cette différence se trouvant répétée autant de fois qu'il y a de degrés intermédiaires, ſera une ſomme trop conſidérable pour échapper aux obſervateurs.

M. le Comte de Maurepas qui aime les Sciences, & qui veut les faire ſervir au bien de l'Etat, trouva réunis dans cette entrepriſe, l'avantage de la Navigation & celui de l'Académie; & cette vûë de l'utilité publique mérita l'attention de M. le Cardinal de Fleury; au milieu de la Guerre, les Sciences trouvoient en lui une protection & des ſecours qu'à peine auroient-elles oſé eſpérer dans la Paix la plus profonde. M. le Comte de Maurepas envoya bien-tôt à l'Académie, des ordres du Roy pour terminer la queſtion de la Figure de la Terre; l'Académie les reçût avec joye, & ſe hâta de les exécuter par pluſieurs de ſes Membres; les uns devoient aller ſous l'Equateur, meſurer le premier degré du Méridien, & partirent un an avant nous; les autres devoient aller au Nord, meſurer le degré le plus ſeptentrional qu'il fût poſſible. On vit partir avec la même ardeur ceux qui s'alloient expoſer au Soleil de la Zone brûlante, & ceux qui devoient ſentir les horreurs de l'hiver dans la Zone glacée. Le même eſprit les animoit tous, l'envie d'être utiles à la Patrie.

La troupe destinée pour le Nord, étoit composée de quatre Académiciens, qui étoient M.rs Clairaut, Camus, le Monnier & moi, & de M. l'Abbé Outhier, auxquels se joignit M. Celsius célébre Professeur d'Astronomie à *Upsal*, qui a assisté à toutes nos opérations, & dont les lumiéres & les conseils nous ont été fort utiles. S'il m'étoit permis de parler de mes autres compagnons, de leur courage & de leurs talens, on verroit que l'ouvrage que nous entreprenions, tout difficile qu'il peut paroître, étoit facile à exécuter avec eux.

Depuis long-temps nous n'avons point de nouvelles de ceux qui sont partis pour l'Equateur. On ne sçait presque encore de cette entreprise, que les peines qu'ils ont euës; & notre expérience nous a appris à trembler pour eux. Nous avons été plus heureux, & nous revenons apporter à l'Académie, le fruit de notre travail.

Le Vaisseau qui nous portoit, étoit à peine arrivé à *Stockholm*, que nous nous hâtâmes d'en partir pour nous rendre au fond du Golfe de *Bottnie*, d'où nous pourrions choisir, mieux que sur la foi des Cartes, laquelle des deux côtes de ce Golfe, seroit la plus convenable pour nos opérations. Les périls dont on nous menaçoit à Stockholm ne nous retardérent point ; ni les bontés d'un Roy, qui, malgré les ordres qu'il avoit donnés pour nous, nous répéta plusieurs fois, qu'il ne nous voyoit partir qu'avec peine pour une entreprise aussi dangereuse. Nous arrivâmes à *Torneå* assés tôt pour y voir le Soleil luire sans disparoître pendant plusieurs jours, comme il fait dans ces climats au Solstice d'été; spectacle merveilleux pour les habitants des Zones tempérées, quoiqu'ils sçachent qu'ils le trouveront au *Cercle Polaire.*

Il n'est peut-être pas inutile de donner ici une idée de l'ouvrage que nous nous proposions, & des opérations que nous avions à faire pour mesurer un degré du Méridien.

Lorsqu'on s'avance vers le Nord, personne n'ignore qu'on voit s'abbaisser les Etoiles placées vers l'Equateur, & qu'au contraire celles qui sont situées vers le Pole s'élevent; c'est ce phénomene qui vraisemblablement a été la premiére preuve de la rondeur de la Terre. J'appelle cette différence qu'on observe dans la hauteur méridienne d'une Etoile, lorsqu'on parcourt un arc du méridien de la Terre, l'*Amplitude* de cet arc; c'est elle qui en mesure la courbûre, ou, en langage ordinaire, c'est le nombre de minutes & de secondes qu'il contient.

Si la Terre étoit parfaitement sphérique, cette différence de hauteur d'une Etoile, cette amplitude seroit toûjours proportionnelle à la longueur de l'arc du méridien qu'on auroit parcouru. Si, pour voir une Etoile changer son élevation d'un degré, il falloit vers Paris, parcourir une distance de 57000 toises sur le Méridien, il faudroit à Torneå, parcourir la même distance pour appercevoir dans la hauteur d'une Etoile, le même changement.

Si au contraire la surface de la Terre étoit absolument platte; quelque longue distance qu'on parcourût vers le Nord, l'Etoile n'en paroîtroit ni plus ni moins élevée.

Si donc la surface de la Terre est inégalement courbe dans différentes régions; pour trouver la même différence de hauteur dans une Etoile, il faudra dans ces différentes régions, parcourir des arcs inégaux du méridien de la Terre; & ces arcs dont l'amplitude ſera toûjours d'un degré, ſeront plus longs là où la Terre ſera plus applatie. Si la Terre eſt applatie vers les Poles, un degré du Méridien terreſtre ſera plus long vers les Poles que vers l'Equateur; & l'on pourra juger ainſi de la figure de la Terre, en comparant ſes différents degrés les uns avec les autres.

On voit par-là que pour avoir la meſure d'un degré du méridien de la Terre, il faut avoir une diſtance meſurée ſur ce méridien, & connoître le changement d'élevation d'une Etoile aux deux extrémités de la diſtance meſurée; afin de pouvoir comparer la longueur de l'arc avec ſon amplitude.

La premiére partie de notre ouvrage conſiſtoit donc à meſurer quelque diſtance conſidérable ſur le Méridien; & il falloit pour cela former une ſuite de Triangles qui communiquaſſent avec quelque baſe, dont on pourroit meſurer la longueur à la perche.

Notre eſpérance avoit toûjours été de faire nos opérations ſur les côtes du Golfe de Bottnie. La facilité de nous rendre par Mer aux différentes ſtations, d'y tranſporter les inſtruments dans des chaloupes, l'avantage des points de vûë, que nous promettoient les Isles du Golfe, marquées en quantité sur toutes les Cartes; tout cela avoit fixé nos idées sur ces côtes & sur ces Isles. Nous allâmes aussi-tôt avec impatience les reconnoître; mais toutes nos navigations nous apprirent qu'il falloit renoncer à notre premier dessein. Ces Isles qui bordent les côtes du Golfe, & les côtes du Golfe même, que nous nous étions représentées comme des Promontoires, qu'on pourroit appercevoir de très-loin, & d'où l'on en pourroit appercevoir d'autres aussi éloignées, toutes ces Isles étoient à fleur d'eau; par conséquent bien-tôt cachées par la rondeur de la Terre; elles se cachoient même l'une l'autre vers les bords du Golfe, où elles étoient trop voisines; & toutes rangées vers les côtes, elles ne s'avançoient point assés en Mer, pour nous donner la direction dont nous avions besoin. Après nous être opiniâtrés dans plusieurs navigations à chercher dans ces Isles ce que nous n'y pouvions trouver, il fallut perdre l'espérance, & les abandonner.

J'avois commencé le voyage de Stockholm à Torneå en carrosse, comme le reste de la Compagnie; mais le hasard nous ayant fait rencontrer vers le milieu de cette longue route, le Vaiſſeau qui portoit nos inſtruments & nos domeſtiques, j'étois monté ſur ce Vaiſſeau, & étois arrivé à Torneå quelques jours avant les autres. J'avois trouvé en mettant pied à terre, le Gouverneur de la Province qui partoit pour aller viſiter la *Lapponie* ſeptentrionale de ſon gouvernement; je m'étois joint à lui pour prendre quelque idée du Pays, en attendant l'arrivée de mes compagnons, & j'avois pénétré juſqu'à 15 lieuës vers le Nord. J'étois monté la nuit du Solſtice ſur une des plus hautes montagnes de ce Pays, ſur *Avaſaxa;* & j'étois revenu auſſi-tôt pour me trouver à Torneå à leur arrivée. Mais j'avois remarqué dans ce voyage, qui ne dura que trois jours, que le fleuve de Torneå ſuivoit aſſés la direction du Méridien juſqu'où je l'avois remonté; & j'avois découvert de tous côtés de hautes montagnes, qui pouvoient donner des points de vûë fort éloignés.

Nous penſâmes donc à faire nos opérations au Nord de Torneå ſur les ſommets de ces montagnes; mais cette entrepriſe ne paroiſſoit guére poſſible.

Il falloit faire dans les deserts d'un Pays presque inhabitable, dans cette forêt immense qui s'étend depuis Torneå jusqu'au *Cap Nord*, des opérations difficiles dans les Pays les plus commodes. Il n'y avoit que deux maniéres de pénétrer dans ces deserts, & qu'il falloit toutes les deux éprouver; l'une en naviguant sur un fleuve rempli de cataractes, l'autre en traversant à pied des forêts épaisses, ou des marais profonds. Supposé qu'on pût pénétrer dans le Pays, il falloit après les marches les plus rudes, escalader des montagnes escarpées; il falloit dépouiller leur sommet des arbres qui s'y trouvoient, & qui en empêchoient la vûë; il falloit vivre dans ces deserts avec la plus mauvaise nourriture; & exposés aux Mouches qui y sont si cruelles, qu'elles forcent les Lappons & leurs Reenes, d'abandonner le pays dans cette saison, pour aller vers les côtes de l'Océan, chercher des lieux plus habitables. Enfin il falloit entreprendre cet ouvrage, sans sçavoir s'il étoit possible, & sans pouvoir s'en informer à personne; sans sçavoir si après tant de peines, le défaut d'une montagne n'arrêteroit pas absolument la suite de nos Triangles;

ſans ſçavoir ſi nous pourrions trouver ſur le fleuve, une baſe qui pût être liée avec nos Triangles. Si tout cela réuſſiſſoit, il faudroit enſuite bâtir des Obſervatoires ſur la plus ſeptentrionale de nos montagnes; il faudroit y porter un attirail d'inſtruments plus complet qu'il ne s'en trouve dans pluſieurs Obſervatoires de l'Europe; il faudroit y faire des obſervations des plus ſubtiles de l'Aſtronomie.

Si tous ces obſtacles étoient capables de nous effrayer; d'un autre côté cet ouvrage avoit pour nous bien des attraits. Outre toutes les peines qu'il falloit vaincre, c'étoit meſurer le degré le plus ſeptentrional que vrai-ſemblablement il ſoit permis aux hommes de meſurer, le degré qui coupoit le Cercle Polaire, & dont une partie ſeroit dans la Zone glacée. Enfin après avoir déſeſpéré de pouvoir faire uſage des Iſles du Golfe, c'étoit la ſeule reſſource qui nous reſtoit; car nous ne pouvions nous réſoudre à redeſcendre dans les autres Provinces plus méridionales de la Suede.

Nous partîmes donc de Torneå le vendredi 6 Juillet, avec une troupe de ſoldats Finnois, & un grand nombre de bateaux *Juillet 1736.*

Juillet. chargés d'instruments, & des choses les plus indispensables pour la vie ; & nous commençâmes à remonter le grand fleuve qui vient du fond de la Lapponie se jetter dans la Mer de Botnie, après s'être partagé en deux bras, qui forment la petite isle *Swentzar*, où est bâtie la ville à 65° 51′ de latitude. Depuis ce jour, nous ne vécûmes plus que dans les deserts, & sur le sommet des montagnes, que nous voulions lier par des Triangles les unes aux autres.

Après avoir remonté le fleuve depuis 9 heures du matin jusqu'à 9 heures du soir, nous arrivâmes à *Korpikyla*, c'est un hameau sur le bord du fleuve, habité par des Finnois; nous y descendîmes, & après avoir marché à pied quelque temps à travers la forêt, nous arrivâmes au pied de *Niwa*, montagne escarpée, dont le sommet n'est qu'un rocher où nous montâmes, & sur lequel nous nous établîmes. Nous avions été sur le fleuve, fort incommodés de grosses Mouches à tête verte, qui tirent le sang par-tout où elles picquent ; nous nous trouvâmes sur Niwa, persecutés de plusieurs autres especes encore plus cruelles.

Deux jeunes Lappones gardoient un petit troupeau de Reenes ſur le ſommet de cette montagne, & nous apprîmes d'elles comment on ſe garantit des Mouches dans ce pays; ces pauvres filles étoient tellement cachées dans la fumée d'un grand feu qu'elles avoient allumé, qu'à peine pouvions-nous les voir, & nous fûmes bien-tôt dans une fumée auſſi épaiſſe que la leur. *Juillet.*

Pendant que notre troupe étoit campée ſur Niwa, j'en partis le 8 à une heure après minuit avec M. Camus, pour aller reconnoître les montagnes vers le Nord. Nous remontâmes d'abord le fleuve juſqu'au pied d'Avaſaxa, haute montagne, dont nous dépouillâmes le ſommet de ſes arbres, & où nous fîmes conſtruire un ſignal. Nos ſignaux étoient des cones creux, bâtis de pluſieurs grands arbres qui, dépouillés de leur écorce, rendoient ces ſignaux ſi blancs qu'on les pouvoit facilement obſerver de 10 & 12 lieuës; leur centre étoit toûjours facile à retrouver en cas d'accident, par des marques qu'on gravoit ſur les rochers, & par des piquets qu'on enfonçoit profondément en terre, & qu'on recouvroit de quelque groſſe pierre. Enfin ces ſignaux

Juillet. étoient aussi commodes pour observer, & presque aussi solidement bâtis que la plûpart des édifices du pays.

Dès que notre signal fut bâti, nous descendîmes d'Avasaxa ; & étant entrés dans la petite riviére de *Tengliö*, qui vient au pied de la montagne se jetter dans le grand fleuve, nous remontâmes cette riviére jusqu'à l'endroit qui nous parut le plus proche d'une montagne, que nous crûmes propre à notre opération ; là nous mîmes pied à terre, & après une marche de 3 heur. à travers un marais, nous arrivâmes au pied d'*Horrilakero*. Quoique fort fatigués, nous y montâmes, & passâmes la nuit à faire couper la forêt qui s'y trouva. Une grande partie de la montagne est d'une pierre rouge, parsemée d'une espece de cristaux blancs, longs & assés paralleles les uns aux autres. La fumée ne put nous défendre des Mouches, plus cruelles sur cette montagne que sur Niwa. Il fallut, malgré la chaleur qui étoit très-grande, nous envelopper la tête dans nos *Lappmudes* (ce sont des robes de peaux de Reenes) & nous faire couvrir d'un épais rempart de branches de Sapins & de Sapins mêmes entiers, qui nous accabloient, & qui

& qui ne nous mettoient pas en ſûreté pour long-temps. *Juillet.*

Après avoir coupé tous les arbres qui ſe trouvoient ſur le ſommet d'Horrilakero, & y avoir bâti un ſignal, nous en partîmes & revînmes par le même chemin, trouver nos bateaux que nous avions retirés dans le bois; c'eſt ainſi que les gens de ce pays ſuppléent aux cordes dont ils ſont mal pourvûs. Il eſt vrai qu'il n'eſt pas difficile de traîner, & même de porter les bateaux dont on ſe ſert ſur les fleuves de Lapponie. Quelques planches de Sapin fort minces, compoſent une nacelle ſi légére & ſi fléxible, qu'elle peut heurter à tous moments les pierres dont les fleuves ſont pleins, avec toute la force que lui donnent des torrents, ſans que pour cela elle ſoit endommagée. C'eſt un ſpectacle qui paroît terrible à ceux qui n'y ſont pas accoûtumés, & qui étonnera toûjours les autres, que de voir au milieu d'une cataracte dont le bruit eſt affreux, cette freſle machine entraînée par un torrent de vagues, d'écume & de pierres, tantôt élevée dans l'air, & tantôt perduë dans les flots; un Finnois intrépide la gouverne avec un large aviron, pendant que deux autres

Juillet. forcent de rames pour la dérober aux flots qui la poursuivent, & qui sont toûjours prêts à l'inonder; la quille alors est souvent toute en l'air, & n'est appuyée que par une de ses extrémités sur une vague qui lui manque à tous moments. Si ces Finnois sont hardis & adroits dans les cataractes, ils sont par-tout ailleurs fort industrieux à conduire ces petits bateaux, dans lesquels le plus souvent ils n'ont qu'un arbre avec ses branches, qui leur sert de voile & de mât.

Nous nous rembarquâmes sur le Tengliö; & étant rentrés dans le fleuve de Torneå, nous le descendîmes pour retourner à Korpikyla. A quatre lieuës d'Avasaxa, nous quittâmes nos bateaux, & ayant marché environ une heure dans la forêt, nous nous trouvâmes au pied de *Cuitaperi*, montagne fort escarpée, dont le sommet n'est qu'un rocher couvert de mousse, d'où la vûë s'étend fort loin de tous côtés, & d'où l'on voit au Midi la Mer de Bottnie. Nous y élevâmes un signal, d'où l'on découvroit Horrilakero, Avasaxa, Torneå, Niwa, & *Kakama*. Nous continuâmes ensuite de descendre le fleuve, qui a entre Cuitaperi & Korpikyla, des cataractes épouventables qu'on ne passe point en bateau. Les Finnois ne manquent pas de faire mettre pied à terre à l'endroit de ces cataractes; mais l'excès de fatigue nous avoit rendu plus facile de les passer en bateau, que de marcher cent pas. Enfin nous arrivâmes le 11 au soir sur Niwa, où le reste de nos M.rs étoient établis; ils avoient vû nos signaux, mais le ciel étoit si chargé de vapeurs, qu'ils n'avoient pû faire aucune observation. Je ne sçais si c'est parce que la présence continuelle du Soleil sur l'horison, fait élever des vapeurs qu'aucune nuit ne fait descendre; mais pendant les deux mois que nous avons passé sur les montagnes, le ciel étoit toûjours chargé, jusqu'à ce que le vent de Nord vint dissiper les brouillards. Cette disposition de l'air nous a quelquefois retenus sur une seule montagne 8 & 10 jours, pour attendre le moment auquel on pût voir assés distinctement les objets qu'on vouloit observer. Ce ne fut que le lendemain de notre retour sur Niwa, qu'on prit quelques angles; & le jour qui suivit, un vent de Nord très-froid s'étant levé, on acheva les observations.

Juillet.

Le 14, nous quittâmes Niwa, & pendant

Juillet. que M.rs Camus, le Monnier & Celsius alloient à Kakama, nous vînmes M.rs Clairaut, Outhier & moi sur Cuitaperi, d'où M. l'Abbé Outhier partit le 16, pour aller planter un signal sur *Pullingi*. Nous fîmes le 18 les observations qui, quoiqu'interrompuës par le tonnerre & la pluye, furent achevées le soir; & le 20 nous en partîmes tous, & arrivâmes à minuit sur Avasaxa.

Cette montagne est à 15 lieuës de Torneå sur le bord du fleuve; l'accès n'en est pas facile, on y monte par la forêt qui conduit jusqu'à environ la moitié de la hauteur; la forêt est là interrompuë par un grand amas de pierres escarpées & glissantes, après lequel on la retrouve, & elle s'étendoit jusques sur le sommet; je dis elle s'étendoit, parce que nous fîmes abbattre tous les arbres qui couvroient ce sommet. Le côté du Nord-Est est un précipice affreux de rochers, dans lesquels quelques Faucons avoient fait leur nid; c'est au pied de ce précipice que coule le Tengliö, qui tourne autour d'Avasaxa avant que de se jetter dans le fleuve de Torneå. De cette montagne la vûë est très-belle; nul objet ne l'arrête vers le Midi, & l'on découvre une

Juillet.

vaste étenduë du fleuve; du côté de l'Est, elle poursuit le Tengliö jusques dans plusieurs lacs qu'il traverse; du côté du Nord, la vûë s'étend à 12 ou 15 lieuës, où elle est arrêtée par une multitude de montagnes entassées les unes sur les autres, comme on représente le cahos, & parmi lesquelles il n'étoit pas facile d'aller trouver celle qu'on avoit vûë d'Avasaxa.

Nous passâmes 10 jours sur cette montagne, pendant lesquels la curiosité nous procura souvent les visites des habitants des campagnes voisines; ils nous apportoient des Poissons, des Moutons, & les misérables Fruits qui naissent dans ces forêts.

Entre cette montagne & Cuitaperi, le fleuve est d'une très-grande largeur, & forme une espece de lac qui, outre son étenduë, étoit situé fort avantageusement pour notre base; M.rs Clairaut & Camus se chargérent d'en déterminer la direction, & demeurérent pour cela à *öfwer-Torneå* après que nos observations furent faites sur Avasaxa, pendant que j'allois sur Pullingi avec M.rs le Monnier, Outhier & Celsius. Ce même jour que nous quittâmes Avasaxa, nous passâmes le Cercle Polaire, & arrivâmes le

Juillet. lendemain 31 Juillet sur les 3 heures du matin à *Turtula*, c'est un espece de hameau où l'on coupoit le peu d'orge & de foin qui y croît. Après avoir marché quelque temps dans la forêt, nous nous embarquâmes sur un lac qui nous conduisit au pied de Pullingi.

C'est la plus élevée de nos montagnes; elle est d'un accès très-rude par la promptitude avec laquelle elle s'éleve, & la hauteur de la mousse dans laquelle nous avions beaucoup de peine à marcher. Nous arrivâmes cependant sur le sommet à 6 heures du matin; & le séjour que nous y fîmes

Août. depuis le 31 Juillet jusqu'au 6 Août fut aussi pénible que l'abord. Il y fallut abbattre une forêt des plus grands arbres; & les Mouches nous tourmentérent au point que nos soldats du regiment de Westro-Bottnie, troupe distinguée, même en Suede où il y en a tant de valeureuses, ces hommes endurcis dans les plus grands travaux, furent contraints de s'envelopper le visage, & de se le couvrir de godron; ces insectes infectoient tout ce qu'on vouloit manger, dans l'instant tous nos mets en étoient noirs. Les Oiseaux de proye n'étoient pas moins affamés, ils voltigeoient ſans ceſſe autour de nous, pour ravir quelques morceaux d'un Mouton qu'on nous apprêtoit. *Août.*

Le lendemain de notre arrivée ſur Pullingi, M. l'Abbé Outhier en partit avec un Officier du même regiment qui nous a rendu beaucoup de ſervices, pour aller élever un ſignal vers *Pello.* Le 4 nous en vîmes paroître un ſur *Niemi* que le même Officier fit élever; ayant pris les angles entre ces ſignaux, nous quittâmes Pullingi le 6 Août après y avoir beaucoup ſouffert, pour aller à Pello; & après avoir remonté quatre cataractes, nous y arrivâmes le même jour.

Pello eſt un village habité par quelques Finnois, auprès duquel eſt *Kittis* la moins élevée de toutes nos montagnes; c'étoit-là qu'étoit notre ſignal. En y montant, on trouve une groſſe ſource de l'eau la plus pure, qui ſort d'un ſable très-fin, & qui, pendant les plus grands froids de l'hiver, conſerve ſa liquidité; lorſque nous retournâmes à Pello ſur la fin de l'hiver, pendant que la Mer du fond du Golfe, & tous les fleuves étoient auſſi durs que le Marbre, cette eau couloit comme pendant l'été.

Août. Nous fûmes assés heureux pour faire en arrivant nos observations, & ne demeurer sur Kittis que jusqu'au lendemain ; nous en partîmes à 3 heures après midi, & arrivâmes le même soir à Turtula.

Il y avoit déja un mois que nous habitions les deserts, ou plûtôt le sommet des montagnes, où nous n'avions d'autre lit que la terre, ou la pierre couverte d'une peau de Reene, ni guére d'autre nourriture que quelques Poissons que les Finnois nous apportoient, ou que nous pêchions nous-mêmes, & quelques especes de Bayes ou fruits sauvages qui croissent dans ces forêts. La santé de M. le Monnier, qu'un tel genre de vie dérangeoit à vûë d'œil, & qui avoit reçû les plus rudes attaques sur Pullingi, ayant manqué tout-à-fait, je le laissai à Turtula, pour redescendre le fleuve, & s'aller rétablir chés le Curé d'Öfwer-Torneå, dont la maison étoit le meilleur, & presque le seul asyle qui fût dans le pays.

Je partis en même temps de Turtula, accompagné de Mrs Outhier & Celsius, pour aller à travers la forêt, chercher le signal que l'Officier avoit élevé sur Niemi. Ce voyage fut terrible ; nous marchâmes d'abord en ſortant de Turtula juſqu'à un ruiſſeau, où nous nous embarquâmes ſur trois petits bateaux; mais ils naviguoient avec tant de peine entre les pierres, qu'à tous moments il en falloit deſcendre, & ſauter d'une pierre ſur l'autre. Ce ruiſſeau nous conduiſit à un lac ſi rempli de petits grains jaunâtres, de la groſſeur du Mil, que toute ſon eau en étoit teinte; je pris ces grains pour la chryſalide de quelque Inſecte, & je croirois que c'étoit de quelques-unes de ces Mouches qui nous perſécutoient, parce que je ne voyois que ces animaux qui pûſſent répondre par leur quantité, à ce qu'il falloit de grains de Mil pour remplir un lac aſſés grand. Au bout de ce lac, il fallut marcher juſqu'à un autre de la plus belle eau, ſur lequel nous trouvâmes un bateau; nous mîmes dedans le Quart-de-cercle, & le ſuivîmes ſur les bords. La forêt étoit ſi épaiſſe ſur ces bords, qu'il falloit nous faire jour avec la hache, embarraſſés à chaque pas par la hauteur de la mouſſe, & par les Sapins que nous rencontrions abbatus. Dans toutes ces forêts, il y a preſque un auſſi grand nombre de ces arbres, que de ceux qui ſont ſur pied; la terre qui

Août.

Août. les peut faire croître jusqu'à un certain point, n'est pas capable de les nourrir, ni assés profonde pour leur permettre de s'affermir; la moitié périt ou tombe au moindre vent. Toutes ces forêts sont pleines de Sapins & de Bouleaux ainsi déracinés; le temps a réduit les derniers en poussiére, sans avoir causé la moindre altération à l'écorce; & l'on est surpris de trouver de ces arbres assés gros qu'on écrase & qu'on brise dès qu'on les touche. C'est cela peut-être qui a fait penser à l'usage qu'on fait en Suede de l'écorce de Bouleau; on s'en sert pour couvrir les maisons, & rien en effet n'y est plus propre. Dans quelques Provinces, cette écorce est couverte de terre, qui forme sur les toits, des especes de jardins, comme il y en a sur les maisons d'Upsal. En *Westro-Bottnie*, l'écorce est arrêtée par des cylindres de Sapin attachés sur le faîte, & qui pendent des deux côtés du toit. Nos forêts donc ne paroissoient que des ruines ou des débris de forêts dont la plûpart des arbres étoient péris; c'étoit un bois de cette espece, & affreux entre tous ceux-là que nous traversions à pied, suivis de douze soldats qui portoient notre bagage. Nous arrivâmes enfin ſur le bord d'un troiſiéme lac, grand, & de la plus belle eau du monde; nous y trouvâmes deux bateaux, dans leſquels ayant mis nos inſtruments & notre bagage, nous attendîmes leur retour ſur le bord. Le grand vent, & le mauvais état de ces bateaux, rendirent leur voyage long; cependant ils revinrent, & nous nous y embarquâmes, nous traverſâmes le lac, & nous arrivâmes au pied de Niemi à 3 heures après midi. *Août.*

Cette montagne, que les lacs qui l'environnent, & toutes les difficultés qu'il fallut vaincre pour y parvenir, faiſoient reſſembler aux lieux enchantés des Fables, ſeroit charmante par-tout ailleurs qu'en Lapponie; on trouve d'un côté un bois clair dont le terrein eſt auſſi uni que les allées d'un jardin; les arbres n'empêchent point de ſe promener, ni de voir un beau lac qui baigne le pied de la montagne; d'un autre côté on trouve des ſales & des cabinets qui paroiſſent taillés dans le roc, & auxquels il ne manque que le toit: ces rochers ſont ſi perpendiculaires à l'horiſon, ſi élevés & ſi unis, qu'ils paroiſſent plûtôt des murs commencés pour des Palais, que l'ouvrage de la Nature. Nous vîmes-là

Août. plusieurs fois s'élever du lac, ces vapeurs que les gens du pays appellent *Haltios*, & qu'ils prennent pour les esprits auxquels est commise la garde des montagnes : celle-ci étoit formidable par les Ours qui s'y devoient trouver ; cependant nous n'y en vîmes aucun, & elle avoit plus l'air d'une montagne habitée par les Fées & par les Génies, que par les Ours.

Le lendemain de notre arrivée, les brumes nous empêchérent d'observer. Le 10, nos observations furent interrompuës par le tonnerre & par la pluye ; le 11 elles furent achevées, nous quittâmes Niemi, & après avoir repassé les trois lacs, nous nous trouvâmes à Turtula à 9 heures du soir. Nous en partîmes le 12, & arrivâmes à 3 heures après midi à Öfwer-Torneå chés le Curé, où nous trouvâmes nos M.rs ; & y ayant laissé M. le Monnier & M. l'Abbé Outhier, je partis le 13 avec M.rs Clairaut, Camus & Celsius pour Horrilakero. Nous entrâmes avec quatre bateaux dans le Tengliö qui a ses cataractes, plus incommodes par le peu d'eau qui s'y trouve, & le grand nombre de pierres, que par la rapidité de ses eaux. Je fus surpris de trouver sur ses bords, ſi près de la Zone glacée, des roſes auſſi vermeilles qu'il en naiſſe dans nos jardins. Enfin nous arrivâmes à 9 heures du ſoir à Horrilakero. Nos obſervations n'y furent achevées que le 17; & en étant partis le lendemain, nous arrivâmes le ſoir à Öfwer-Torneå, où nous nous trouvâmes tous réunis. *Août.*

Le lieu le plus convenable pour la baſe avoit été choiſi; & Mrs Clairaut & Camus, après avoir bien viſité les bords du fleuve, & les montagnes des environs, avoient déterminé ſa direction, & fixé ſa longueur par des ſignaux qu'ils avoient fait élever aux deux extrémités.

E'tant montés le ſoir ſur Avaſaxa, pour obſerver les angles qui devoient lier cette baſe à nos Triangles, nous vîmes Horrilakero tout en feu. C'eſt un accident qui arrive ſouvent dans ces forêts, où l'on ne ſçauroit vivre l'été que dans la fumée, & où la mouſſe & les Sapins ſont ſi combuſtibles, que tous les jours le feu qu'on y allume, y fait des incendies de pluſieurs milliers d'arpens. Ces feux, ou leur fumée nous ont quelquefois autant retardés dans nos obſervations, que l'épaiſſeur de l'air,

Août. Comme l'incendie d'Horrilakero venoit sans doute du feu que nous y avions laissé mal éteint, on y envoya trente hommes pour lui couper la communication avec les bois voisins. Nous n'achevâmes nos observations sur Avasaxa que le 21 ; Horrilakero brûloit toûjours, nous le voyions enseveli dans la fumée ; & le feu qui étoit descendu dans la forêt, y faisoit à chaque instant de nouveaux ravages.

Quelques-uns des gens qu'on avoit envoyés à Horrilakero, ayant rapporté que le signal avoit été endommagé par le feu, on l'envoya rebâtir ; & il ne fut pas difficile d'en retrouver le centre, par les précautions dont j'ai parlé.

Le 22, nous allâmes à *Poiky-Torneå*, sur le bord du fleuve, où étoit le signal septentrional de la base, pour y faire les observations qui la devoient lier avec le sommet des montagnes ; & nous en partîmes le 23 pour nous rendre à l'autre extrémité de cette base, au signal méridional qui étoit sur le bord du fleuve, dans un endroit appellé *Niemisby*, où nous devions faire les mêmes observations. Nous couchâmes cette nuit dans une prairie assés agréable, d'où M. Camus partit le lendemain pour aller à Pello, préparer quelques cabanes pour nous loger, & faire bâtir un Obſervatoire ſur Kittis, où nous devions faire les obſervations aſtronomiques pour déterminer l'amplitude de notre arc. *Août.*

Après avoir fait notre obſervation au ſignal méridional, nous remontâmes le ſoir ſur Cuitaperi, où la derniére obſervation qui devoit lier la baſe aux Triangles fut achevée le 26.

Nous venions d'apprendre que le Secteur que nous attendions d'Angleterre, étoit arrivé à Torneå; & nous nous hâtâmes de nous y rendre pour préparer ce Secteur, & tous les autres inſtruments que nous devions porter ſur Kittis; parce que comme les rigueurs de l'hiver étoient plus à craindre ſur Kittis qu'à Torneå, nous voulions commencer avant les grands froids, les obſervations pour l'amplitude de l'arc à cette extrémité de notre Méridienne. Pendant qu'on préparoit tout pour le voyage de Pello, nous montâmes dans la flêche de l'Egliſe qui eſt bâtie dans l'iſle Swentzar, que je déſigne ici, pour qu'on ne la confonde pas avec l'Egliſe Finnoiſe, bâtie dans l'iſle

Biörcköhn, au Midi de Swentzar; & ayant observé de cette flêche, les angles qu'elle fait avec nos montagnes, nous repartîmes de Torneå le 3 Septembre avec quinze bateaux, qui faisoient sur le fleuve la plus grande flote qu'on y eût jamais vûë, & nous vinmes coucher à *Kuckula*.

Septembre.

Le lendemain, nous arrivâmes à Korpikyla; & pendant que le reste de la Compagnie continuoit sa route vers Pello, j'en partis à pied avec M.rs Celsius & Outhier pour aller à Kakama, où nous n'arrivâmes qu'à 9 heures du soir par une grande pluye.

Tout le sommet de Kakama est d'une pierre blanche, feuilletée & séparée par des plans verticaux, qui coupent fort perpendiculairement le Méridien. Ces pierres avoient tellement retenu la pluye, qui tomboit depuis long-temps, que tous les endroits qui n'étoient pas des pointes de rocher, étoient pleins d'eau; & il plut encore sur nous toute la nuit. Nos observations ne purent être achevées le lendemain; il fallut passer sur cette montagne une seconde nuit aussi humide & aussi froide que la premiére; & ce ne fut que le 6 que nous achevâmes nos observations.

Après

Après ce fâcheux séjour que nous avions fait sur Kakama, nous en partîmes; & la pluye continuelle, dans une forêt où l'on avoit beaucoup de peine à marcher, nous ayant fait faire les plus grands efforts, nous arrivâmes, après cinq heures de marche, à Korpikyla. Nous y couchâmes cette nuit; & étant partis le lendemain, nous arrivâmes le 9 Septembre à Pello, où nous nous trouvâmes tous réunis. *Septembre.*

Toutes nos courses, & un séjour de 63 jours dans les deserts, nous avoient donné la plus belle suite de Triangles que nous pussions souhaiter. Un ouvrage commencé sans sçavoir s'il seroit possible, & pour ainsi dire, au hazard, étoit devenu un ouvrage heureux, dans lequel il sembloit que nous eussions été les maîtres de placer les montagnes à notre gré. Toutes nos montagnes avec l'Eglise de Torneå, formoient une figure fermée, dans laquelle se trouvoit Horrilakero, qui en étoit comme le foyer & le lieu où aboutissoient les Triangles, dans lesquels se divisoit notre figure. C'étoit un long Heptagone qui se trouvoit placé dans la direction du Méridien. Il étoit susceptible d'une vérification

Septembre. singuliére dans ces sortes d'opérations, dépendante de la propriété des Polygones. La somme des angles d'un Heptagone sur un plan, doit être de 900 degrés : la somme dans notre Heptagone couché sur une surface courbe, doit être un peu plus grande; & nous la trouvions de 900° 1' 37" après 16 angles observés. Vers le milieu de l'Heptagone se trouvoit une base plus grande qu'aucune qui eût jamais été mesurée, & sur la surface la plus platte, puisque c'étoit sur les eaux du fleuve que nous la devions mesurer, lorsqu'il seroit glacé. La grandeur de cette base nous assûroit de la précision avec laquelle nous pouvions mesurer l'Heptagone; & sa situation ne nous laissoit point craindre que les erreurs pussent aller loin, par le petit nombre de nos Triangles, au milieu desquels elle se trouvoit.

Enfin la longueur de l'arc du Méridien que nous mesurions, étoit fort convenable pour la certitude de notre opération. S'il y a un avantage à mesurer de grands arcs, en ce que les erreurs qu'on peut commettre dans la détermination de l'amplitude, ne sont que les mêmes pour les grands arcs & les petits, & que répanduës sur de petits arcs, elles ont plus d'effet, que répanduës ſur de grands; d'un autre côté, les erreurs qu'on peut commettre ſur les Triangles, peuvent avoir des effets d'autant plus dangereux, que la diſtance qu'on meſure eſt plus longue, & que le nombre des Triangles eſt plus grand. Si ce nombre eſt grand, & qu'on ne puiſſe pas ſe corriger ſouvent par des baſes, ces derniéres erreurs peuvent former une ſérie très-divergente, & faire perdre plus d'avantage qu'on n'en retireroit par de grands arcs. J'avois lû à l'Académie, avant mon départ, un Mémoire ſur cette matiére, où j'avois déterminé la longueur la plus avantageuſe qu'il fallût meſurer pour avoir la meſure la plus certaine; cette longueur dépend de la préciſion avec laquelle on obſerve les angles horiſontaux, comparée à celle que peut donner l'inſtrument avec lequel on obſerve la diſtance des Etoiles au Zénith. Et appliquant à notre opération, les réfléxions que j'avois faites, on trouvera qu'un arc plus long ou plus court que le nôtre, ne nous auroit pas donné tant de certitude dans ſa meſure.

Septembre.

Nous nous ſervions, pour obſerver les angles entre nos ſignaux, d'un Quart-de-

Septembre. cercle de deux pieds de rayon, armé d'un Micrometre, qui vérifié plusieurs fois autour de l'horison, donnoit toûjours la somme des angles fort près de quatre droits; son centre étoit toûjours placé au centre des signaux; chacun faisoit son observation, & l'écrivoit séparément; & l'on prenoit ensuite le milieu de toutes ces observations, qui différoient peu les unes des autres.

Sur chaque montagne, on avoit soin d'observer la hauteur ou l'abbaissement des objets dont on se servoit pour prendre les angles; & c'est sur ces hauteurs, qu'est fondée la réduction des angles au plan de l'horison.

Cette premiére partie de notre ouvrage, celle sur laquelle pouvoit tomber l'impossibilité, étant si heureusement terminée, notre courage redoubla pour le reste, qui ne demandoit plus que des peines.

Dans une suite de Triangles qui se tiennent les uns aux autres, par des côtés communs, & dont on connoît les angles, dès qu'on connoît un côté d'un seul de ces Triangles, il est facile de connoître tous les autres. Nous étions donc sûrs d'avoir fort exactement la distance entre la flêche de l'Eglise de Torneå, qui terminoit notre Heptagone au Midi, & le signal de Kittis, qui le terminoit au Nord, dès qu'une fois la longueur de notre base seroit connuë; & cette mesure se pouvoit remettre à l'hiver, où le temps, ni la glace ne nous manqueroient pas. *Septembre.*

Nous pensâmes donc à l'autre partie de notre ouvrage; à déterminer l'amplitude de l'arc du Méridien compris entre Kittis & Torneå, que nous regardions comme mesuré. J'ai dit en quoi consistoit cette détermination. Il falloit observer la quantité dont une même Etoile, lorsqu'elle passoit au Méridien, paroissoit plus haute ou plus basse à Torneå qu'à Kittis; ou, ce qui revient au même, la quantité dont cette Etoile à son passage par le Méridien, étoit plus proche ou plus éloignée du Zénith de Torneå que de celui de Kittis. Cette différence entre les deux hauteurs, ou entre les deux distances au Zénith, étoit l'amplitude de l'arc du Méridien terrestre entre Kittis & Torneå. Cette opération est simple, elle ne demande pas même qu'on ait les distances absoluës de l'Etoile au Zénith de chaque lieu; il suffit d'avoir la différence entre ces

Septembre. distances. Mais cette opération demande la plus grande exactitude, & les plus grandes précautions. Nous avions pour la faire, un Secteur d'environ 9 pieds de rayon, semblable à celui dont se sert M. Bradley, & avec lequel il a fait sa belle découverte sur l'Aberration des Fixes. L'instrument avoit été fait à Londres, sous les yeux de M. Graham, de la Société Royale d'Angleterre. Cet habile Méchanicien s'étoit appliqué à lui procurer tous les avantages, & toutes les commodités dont nous pouvions avoir besoin : enfin il en avoit divisé lui-même le limbe.

Il y a trop de choses à remarquer dans cet instrument, pour entreprendre d'en faire ici une description complette. Quoique ce qui constituë proprement l'instrument, soit fort simple ; sa grandeur, le nombre des piéces qui servent à le rendre commode pour l'observateur, la pesanteur d'une large pyramide d'environ 12 pieds de hauteur qui lui sert de pied, rendoient presque impratiquable son accès sur le sommet d'une montagne de Lapponie.

On avoit bâti sur Kittis deux observatoires. Dans l'un étoit une Pendule de M.

Graham, un Quart-de-cercle de 2 pieds de rayon, & un inſtrument qui conſiſtoit dans une Lunette perpendiculaire & mobile autour d'un axe horiſontal, que nous devions encore aux ſoins de M. Graham ; cet inſtrument étoit placé préciſément au centre du ſignal qui avoit ſervi de pointe à notre dernier Triangle ; & l'on s'en ſervoit pour déterminer la direction de nos Triangles avec la Méridienne. L'autre obſervatoire, beaucoup plus grand, étoit à côté de celui-là, & ſi près qu'on pouvoit aiſément entendre compter à la Pendule de l'un à l'autre ; le Secteur le rempliſſoit preſque tout. Je ne parlerai point des difficultés qui ſe trouvérent à tranſporter tant d'inſtruments ſur la montagne. Cela ſe fit ; on plaça fort exactement le limbe du Secteur dans le plan du Méridien qu'on avoit tracé, & l'on s'aſſûra qu'il étoit bien placé, par l'heure du paſſage de l'Etoile, dont on avoit pris des hauteurs. Enfin tout étoit prêt pour obſerver le 30 Septembre ; & l'on fit les jours ſuivants, les obſervations de l'Etoile δ *du Dragon*, entre leſquelles la plus grande différence qui ſe trouve, n'eſt pas de 3 ſecondes.

Septembre.

Octobre. Pendant qu'on observoit cette Etoile avec le Secteur, les autres observations n'étoient pas négligées ; on regloit tous les jours la Pendule avec soin, par les hauteurs correspondantes du Soleil ; & l'on observoit avec l'instrument dont j'ai parlé, le passage du Soleil, & l'heure du passage par les Verticaux des signaux de Niemi & de Pullingi. On détermina par ce moyen, la position de notre Heptagone à l'égard de la Méridienne ; & huit de ces observations, dont les plus écartées n'ont pas entr'elles une minute de différence, donnent par un milieu, l'angle que forme avec la Méridienne de Kittis, la ligne tirée du signal de Kittis au signal de Pullingi, de 28° 51′ 52″.

Toutes ces observations s'étoient faites fort heureusement ; mais les pluyes & les brumes les avoient tant retardées, que nous étions venus à un temps où l'on ne pouvoit presque plus entreprendre le retour à Torneå ; cependant il y falloit faire les autres observations correspondantes de la même Etoile ; & nous voulions tâcher qu'il s'écoulât le moins de temps qu'il seroit possible entre ces observations, afin d'éviter les erreurs qui auroient pû naître du mouvement de l'Etoile, en cas qu'elle en eût quelqu'un qui ne fût pas connu. Octobre.

On voit assés que toute cette opération étant fondée sur la différence de la hauteur méridienne d'une même Etoile observée à Kittis & à Torneå, il faut que cette Etoile pendant l'opération, demeure à la même place; ou du moins que s'il lui arrive quelque changement d'élevation qui lui soit propre, on connoisse ce changement, afin de ne le pas confondre avec celui qui dépend de la courbûre de l'arc qu'on cherche.

Les Astronomes ont observé depuis plusieurs siécles, un mouvement des Etoiles autour des Poles de l'Ecliptique, d'où naît la Précession des Equinoxes, & un changement de déclinaison dans les Etoiles, dont on peut tenir compte dans l'affaire dont nous parlons.

Mais il y a dans les Etoiles, un autre changement en déclinaison, sur lequel, quoiqu'observé plus récemment, je crois qu'on peut compter aussi sûrement que sur l'autre. Quoique M. Bradley soit le premier qui ait découvert les regles de ce changement, l'exactitude de ses observations, &

Octobre. l'instrument avec lequel il les a faites, équivalent à plusieurs siécles d'observations ordinaires. Il a trouvé que chaque Etoile observée pendant le cours d'une année, sembloit décrire dans les Cieux, une petite Ellipse dont le grand axe est d'environ 40″. Comme il sembloit d'abord y avoir de grandes variétés dans ce mouvement des Etoiles, ce ne fut qu'après une longue suite d'observations que M. Bradley trouva la théorie de laquelle ce mouvement, ou plûtôt cette apparence, dépend. S'il avoit fallu son exactitude pour découvrir ce mouvement, il fallut sa sagacité pour découvrir le principe qui le produit. Nous n'expliquerons point le Sisteme de cet illustre Astronome, qu'on peut voir, beaucoup mieux qu'on ne le verroit ici, dans les *Transactions Philosophiques, N.° 406.* Nous dirons seulement que cette différence qui arrive dans le lieu des Etoiles, observé de la Terre, vient du mouvement de la lumiére que l'Etoile lance, & du mouvement de la Terre dans son orbite, combinés l'un avec l'autre. Si la Terre étoit immobile, il faudroit donner une certaine inclinaison à la Lunette, à travers laquelle on observe une

Octobre.

Etoile, pour que le rayon qui part de cette Etoile, la traversât par le centre, & parvînt à l'œil. Mais si la Terre qui porte la Lunette, se meut avec une vîtesse comparable à la vîtesse du rayon de lumiére, ce ne sera plus la même inclinaison qu'il faudra donner à la Lunette; il la faudra changer de situation, pour que le rayon qui la traverse par le centre, puisse parvenir à l'œil; & les différentes positions de la Lunette dépendront des différentes directions dans lesquelles la Terre se meut en différents temps de l'année. Le calcul fait d'après ce principe, d'après la vîtesse de la Terre dans son orbite, & d'après la vîtesse de la lumiére connuë par d'autres expériences; le changement des Etoiles en déclinaison se trouve tel que M. Bradley l'a observé; & l'on est en état d'adjoûter ou de soustraire à la déclinaison de chaque Etoile, la quantité necessaire pour la considérer comme fixe pendant le temps écoulé entre les observations qu'on compare les unes aux autres, pour déterminer l'amplitude d'un arc du Méridien.

Quoique le mouvement de chaque Etoile dans le cours de l'année, suive fort exactement la loi qui dépend de cette théorie,

Octobre. M. Bradley a découvert encore un autre mouvement des Etoiles, beaucoup plus lent que les deux dont nous venons de parler, & qui n'est guére sensible qu'après plusieurs années. Il faudra encore, si l'on veut avoir la plus grande exactitude, tenir compte de ce troisiéme mouvement. Mais pour notre opération, dans laquelle le temps écoulé entre les oservations, est très-court, son effet est insensible, ou du moins beaucoup plus petit que tout ce qu'on peut raisonnablement espérer de déterminer dans ces sortes d'opérations. En effet, j'avois consulté M. Bradley, pour sçavoir s'il avoit quelques observations immédiates des deux Etoiles dont nous nous sommes servis pour déterminer l'amplitude de notre arc. Quoiqu'il n'ait point observé nos Etoiles, parce qu'elles passent trop loin de son zénith, pour pouvoir être observées avec son instrument, il a bien voulu me faire part de ses derniéres découvertes sur l'Aberration, & sur ce troisiéme mouvement des Etoiles : & la correction qu'il m'a envoyée pour notre amplitude, dans laquelle il a eu égard à la Précession des Equinoxes, à l'Aberration de la Lumiére, & à ce mouvement nouveau, ne différe pas sensiblement de la correction que nous avions faite pour la Précession & l'Aberration seulement ; comme on le verra dans le détail de nos opérations. Octobre.

Quoiqu'on puisse donc assés sûrement compter sur la correction pour l'Aberration de la lumiére, nous voulions tâcher que cette correction fût peu considérable ; pour satisfaire ceux (s'il y en a) qui ne voudroient pas encore admettre la théorie de M. Bradley, ou qui croiroient qu'il y a quelqu'autre mouvement dans les Etoiles : il falloit pour cela que le temps qui s'écouleroit entre les observations de Kittis & celles de Torneå, fût le plus court qu'il seroit possible.

Nous avions vû de la glace dès le 19 Septembre, & de la neige le 21 ; plusieurs endroits du fleuve avoient déja glacé ; & ces premiéres glaces qui sont imparfaites, le rendent quelquefois long-temps innavigable, & impratiquable aux traîneaux.

En attendant à Pello, nous risquions de ne pouvoir arriver à Torneå, qu'après un temps qui mettroit un trop long intervalle entre les observations déja faites, & celles que nous devions y faire ; nous

Octobre. risquions même que notre Etoile nous échappât, & que le Soleil qui s'en approchoit, nous la fît disparoître. Il eût fallu alors revenir dans le fort de l'hiver, faire de nouvelles observations de quelqu'autre Etoile sur Kittis; & c'étoit une chose qui ne paroissoit guére pratiquable ni possible, que de passer les nuits d'hiver sur cette montagne à observer.

En partant, on couroit risque d'être pris sur le fleuve par les glaces, & arrêté avec tous les instruments, on ne sçait où, ni pour combien de temps. On risquoit encore de voir par-là les observations de Kittis devenir inutiles; & nous voyions combien les observations déja faites, étoient un bien difficile à retrouver dans un Pays, où les observations sont si rares: où tout l'été nous ne pouvions espérer de voir aucune des Etoiles que pouvoit embrasser notre Secteur, par leur petitesse, & par le jour continuel qui les efface; & où l'hiver rendoit l'observatoire de Kittis inhabitable. Nous déliberâmes sur toutes ces difficultés; & nous résolûmes de risquer le voyage. M.rs Camus & Celsius partirent le 23 avec le Secteur; le lendemain M.rs Clairaut &

le Monnier; enfin le 26 je partis avec M. *Octobre.* l'Abbé Outhier. Nous fûmes assés heureux pour arriver à Torneå en bateau le 28 Octobre; & l'on nous assûroit que le fleuve n'avoit presque jamais été navigable dans cette saison.

L'observatoire que nous avions fait préparer à Torneå, étoit prêt à recevoir le Secteur, & on l'y plaça dans le plan du Méridien. Le 1er Novembre, il commença *Novembre.* à geler très-fort, & le lendemain tout le fleuve étoit pris. La glace ne fondit plus, la neige vint bien-tôt la couvrir; & ce vaste fleuve qui, peu de jours auparavant, étoit couvert de Cygnes & de toutes les especes d'Oiseaux aquatiques, ne fut plus qu'une plaine immense de glace & de neige.

On commença le 1er Novembre à observer la même Etoile, qu'on avoit observée à Kittis, & avec les mêmes précautions; & les plus écartées de ces observations ne différent que d'une seconde. Tant ces derniéres observations que celles de Kittis, avoient été faites sans éclairer les fils de la Lunette, à la lueur du jour. Et prenant un milieu entre les unes & les autres, en réduisant les parties du Micrometre en

Novembre. secondes, & ayant égard au changement en déclinaison de l'Etoile, pendant le temps écoulé entre les observations, tant pour la précession des Equinoxes, que pour les autres mouvements de l'Etoile, on trouve pour l'amplitude de notre arc 57′ 27″.

Tout notre ouvrage étoit fait pour ainsi dire; il étoit arrêté, sans que nous pussions sçavoir s'il nous feroit trouver la Terre allongée ou applatie; parce que nous ne sçavions pas quelle étoit la longueur de notre base. Ce qui nous restoit à faire, n'étoit pas une opération difficile en elle-même, ce n'étoit que de mesurer à la perche, la distance entre deux signaux qu'on avoit plantés l'été passé; mais cette mesure devoit se faire sur la glace d'un fleuve de Lapponie, dans un pays où chaque jour rendoit le froid plus insupportable; & la distance à mesurer étoit de plus de 3 lieuës.

On nous conseilloit de remettre la mesure de cette base au printemps; parce qu'alors, outre la longueur des jours, les premiéres fontes qui arrivent à la superficie de la neige, qui sont bien-tôt suivies d'une nouvelle gelée, y forment une espece de croûte capable de porter les hommes; au lieu

lieu que pendant tout le fort de l'hiver, la neige de ces pays n'eſt qu'une eſpece de pouſſiére fine & ſéche, haute communément de quatre ou cinq pieds, dans laquelle il eſt impoſſible de marcher, quand elle eſt une fois parvenuë à cette hauteur. Malgré ce que nous voyions tous les jours, nous craignions d'être ſurpris par quelque degel. Nous ne ſçavions pas qu'il ſeroit encore temps au mois de Mai, de meſurer la baſe: & tous les avantages que nous pouvions trouver au printemps, diſparurent devant la crainte la moins fondée de manquer notre meſure. Novembre.

Cependant nous ne ſçavions point ſi la hauteur des neiges permettroit encore de marcher ſur le fleuve à l'endroit de la baſe; & M.rs Clairaut, Outhier & Celſius partirent le 10 Décembre pour en aller juger. Décembre. Ils trouvérent les neiges déja très-hautes; mais comme cependant elles ne faiſoient pas deſeſpérer de pouvoir meſurer, nous nous rendîmes tous à Öfwer-Torneå.

M. Camus, aidé de M. l'Abbé Outhier employa le 19 & le 20 à ajuſter huit perches de 30 pieds chacune, d'après une toiſe de fer que nous avions apportée de France,

Décembre. & qu'on avoit soin pendant cette opération, de tenir dans un lieu où le Thermometre de M. de Reaumur étoit à 15 degrés au-dessus de zero, & celui de M. Prins à 62 degrés, ce qui est la température des mois d'Avril & Mai à Paris. Nos perches une fois ajustées, le changement que le froid pouvoit apporter à leur longueur, n'étoit pas à craindre; parce que nous avions observé qu'il s'en falloit beaucoup que le froid & le chaud causassent sur la longueur des mesures de Sapin, des effets aussi sensibles que ceux qu'ils causent sur la longueur des mesures de fer. Toutes les expériences que nous avons faites sur cela, nous ont donné des variations de longueur presque insensibles. Et quelques expériences me feroient croire que les mesures de bois, au lieu de se raccourcir au froid, comme les mesures de métal, s'y allongent. Peut-être un reste de séve qui étoit encore dans ces mesures, se glaçoit-il lorsqu'elles étoient exposées au froid, & les faisoit-il participer à la propriété des liqueurs, dont le volume augmente lorsqu'elles se gelent. M. Camus avoit pris de telles précautions pour ajuster ces perches, que malgré leur extrême longueur, lorſqu'on les préſentoit entre deux bornes de fer, elles y entroient ſi juſte que l'épaiſſeur d'une feuille du papier le plus mince de plus ou de moins, rendoit l'entrée impoſſible, ou trop libre. *Décembre.*

Ce fut le vendredi 21 Décembre, jour du Solſtice d'hiver, jour remarquable pour un pareil ouvrage, que nous commençâmes la meſure de notre baſe vers Avaſaxa, où elle ſe trouvoit. A peine le Soleil ſe levoit-il alors vers le midi; mais les longs crépuſcules, la blancheur des neiges, & les feux dont le Ciel eſt toûjours éclairé dans ces pays, nous donnoient chaque jour aſſés de lumiére pour travailler quatre ou cinq heures. Nous partîmes à 11 heures du matin de chés le Curé d'Öfwer-Torneå, où nous logeâmes pendant cet ouvrage; & nous nous rendîmes ſur le fleuve, où nous devions commencer la meſure, avec un tel nombre de traîneaux, & un ſi grand équipage, que les Lappons deſcendirent de leurs montagnes, attirés par la nouveauté du ſpectacle. Nous nous partageâmes en deux bandes, dont chacune portoit quatre des meſures dont nous venons de parler. Je ne dirai rien des fatigues, ni des périls de cette opération;

Décembre. on imaginera ce que c'est que de marcher dans une neige haute de 2 pieds, chargés de perches pesantes, qu'il falloit continuellement poser sur la neige & relever ; pendant un froid si grand, que la langue & les levres se geloient sur le champ contre la tasse, lorsqu'on vouloit boire de l'Eau-de-vie, qui étoit la seule liqueur qu'on pût tenir assés liquide pour la boire, & ne s'en arrachoient que sanglantes ; pendant un froid qui gela les doigts de quelques-uns de nous, & qui nous menaçoit à tous momens d'accidents plus grands encore. Tandis que les extrémités de nos corps étoient glacées, le travail nous faisoit suer. L'eau-de-vie ne pût suffire à nous désalterer, il fallut creuser dans la glace, des puits profonds, qui étoient presque aussi-tôt refermés, & d'où l'eau pouvoit à peine parvenir liquide à la bouche. Et il falloit s'exposer au dangereux contraste, que pouvoit produire dans nos corps échauffés, cette eau glacée.

Cependant l'ouvrage avançoit ; six journées de travail l'avoient conduit au point, qu'il ne restoit plus à mesurer qu'environ 500 toises, qui n'avoient pû être remplies de piquets assés tôt. On interrompit donc la mesure le 27, & M.rs Clairaut, Camus & le Monnier allerent planter ces piquets, pendant qu'avec M. l'Abbé Outhier, j'employai ce jour à une entreprise assés extraordinaire. *Décembre.*

Une observation de la plus légére conséquence, & qu'on auroit pû négliger dans les pays les plus commodes, avoit été oubliée l'été passé; on n'avoit point observé la hauteur d'un objet, dont on s'étoit servi en prenant d'Avasaxa, l'angle entre Cuitaperi & Horrilakero. L'envie que nous avions que rien ne manquât à notre ouvrage, nous faisoit pousser l'exactitude jusqu'au scrupule. J'entrepris de monter sur Avasaxa avec un Quart-de-cercle. Si l'on conçoit ce que c'est qu'une montagne fort élevée, remplie de rochers, qu'une quantité prodigieuse de neiges cache, & dont elle recouvre les cavités, dans lesquelles on peut être abîmé, on ne croira guére possible d'y monter. Il y a cependant deux maniéres de le faire: l'une en marchant ou plûtôt glissant sur deux planches étroites, longues de 8 pieds, dont se servent les Finnois & les Lappons, pour ne pas enfoncer dans la neige, maniére d'aller, qui a besoin d'un long exercice;

Décembre. l'autre en se confiant aux Reenes qui peuvent faire un pareil voyage.

Ces animaux ne peuvent traîner qu'un fort petit bateau, dans lequel à peine peut entrer la moitié du corps d'un homme: ce bateau destiné à naviguer dans la neige, pour trouver moins de résistance contre la neige qu'il doit fendre avec la prouë, & sur laquelle il doit glisser, a la figure des bateaux dont on se sert sur la Mer, c'est-à-dire, a une prouë pointuë, & une quille étroite dessous, qui le laisse rouler, & verser continuellement, si celui qui est dedans, n'est bien attentif à conserver l'équilibre. Le bateau est attaché par une longe au poitrail du Reene, qui court avec fureur lorsque c'est sur un chemin battu & ferme. Si l'on veut arrêter, c'est en vain qu'on tire une espece de bride attachée aux cornes de l'animal; indocile & indomtable, il ne fait le plus souvent que changer de route; quelquefois même il se retourne, & vient se vanger à coups de pied. Les Lappons sçavent alors renverser le bateau sur eux, & s'en servir comme d'un bouclier contre les fureurs du Reene. Pour nous, peu capables de cette ressource, nous eussions été tués avant que d'avoir pû nous mettre à couvert. Toute notre défenſe fut un petit bâton qu'on nous mit à la main, qui eſt comme le gouvernail, avec lequel il faut diriger le bateau, & éviter les troncs d'arbres. C'étoit ainſi que m'abandonnant aux Reenes, j'entrepris d'eſcalader Avaſaxa, accompagné de M. l'Abbé Outhier, de deux Lappons & une Lappone, & de M. Brunnius leur Curé. La premiére partie du voyage ſe fit dans un inſtant; il y avoit un chemin dur & battu depuis la maiſon du Curé juſqu'au pied de la montagne, & nous le parcourûmes avec une vîteſſe, qui n'eſt comparable qu'à celle de l'Oiſeau qui vole. Quoique la montagne, ſur laquelle il n'y avoit aucun chemin, retardât les Reenes, ils nous conduiſirent juſques ſur le ſommet; & nous y fimes auſſi-tôt l'obſervation, pour laquelle nous y étions venus. Pendant ce temps-là, nos Reenes avoient creuſé des trous profonds dans la neige, où ils paiſſoient la mouſſe, dont les rochers de cette montagne ſont couverts; & nos Lappons avoient allumé un grand feu, où nous vînmes bientôt nous chauffer avec eux. Le froid étoit ſi grand, que la chaleur ne pouvoit s'éten-

Décembre.

Décembre. dre à la moindre distance ; si la neige se fondoit dans les endroits que touchoit le feu, elle se regeloit tout autour, & formoit un foyer de glace.

Si nous avions eu beaucoup de peine à monter sur Avasaxa, nous craignîmes alors de descendre trop vîte une montagne escarpée, dans des voitures qui, quoique submergées dans la neige, glissent toûjours, traînés par des animaux déja terribles dans la plaine; & qui, quoiqu'enfonçant jusqu'au ventre dans la neige, cherchoient à s'en délivrer par leur vîtesse. Nous fûmes bientôt au pied d'Avasaxa; & le moment d'après, tout le grand fleuve fut traversé, & nous à la Maison.

Le lendemain, nous achevâmes la mesure de notre base ; & nous ne dûmes pas regretter la peine qu'il y a de faire un pareil ouvrage sur un fleuve glacé, lorsque nous vîmes l'exactitude que la glace nous avoit donnée. La différence qui se trouvoit entre les mesures de nos deux troupes, n'étoit que de quatre pouces sur une distance de 7406 toises 5 pieds; exactitude qu'on n'oseroit attendre, & qu'on n'oseroit presque dire. Et l'on ne sçauroit la regarder comme un effet du hazard & des compenſations *Décembre.* qui ſe ſeroient faites après des différences plus conſidérables ; car cette petite différence nous vint preſque toute le dernier jour. Nos deux troupes avoient meſuré tous les jours le même nombre de toiſes ; & tous les jours, la différence qui ſe trouvoit entre les deux meſures, n'étoit pas d'un pouce dont l'une avoit tantôt ſurpaſſé l'autre, & tantôt en avoit été ſurpaſſée. Cette juſteſſe, quoique dûë à la glace, & au ſoin que nous prenions en meſurant, faiſoit voir encore combien nos perches étoient égales : car la plus petite inégalité entre ces perches, auroit cauſé une différence conſidérable ſur une diſtance auſſi longue qu'étoit notre baſe.

Nous connoiſſions l'amplitude de notre arc ; & toute notre figure déterminée n'attendoit plus que la meſure de l'échelle à laquelle on devoit la rapporter, que la longueur de la baſe. Nous vîmes donc auſſi-tôt que cette baſe fut meſurée, que la longueur de l'arc du Méridien intercepté entre les deux Paralleles, qui paſſent par notre obſervatoire de Torneå & celui de Kittis, étoit de 55023 $\frac{1}{2}$ toiſes ; que cette longueur ayant pour amplitude 57′. 27″, le degré

Décembre. du Méridien sous le Cercle Polaire étoit plus grand de près de 1000 toises qu'il ne devoit être selon les mesures du Livre *de la Grandeur & Figure de la Terre.*

Après cette opération, nous nous hâtâmes de revenir à Torneå, tâcher de nous garantir des derniéres rigueurs de l'hiver.

La ville de Torneå, lorsque nous y arrivâmes le 30 Décembre, avoit véritablement l'air affreux. Ses maisons basses se trouvoient enfoncées jusqu'au toit dans la neige, qui auroit empêché le jour d'y entrer par les fenêtres, s'il y avoit eu du jour: mais les neiges toûjours tombantes, ou prêtes à tomber, ne permettoient presque jamais au Soleil de se faire voir pendant quelques moments dans l'horison vers midi. Le froid fut si grand dans le mois de Janvier, que nos Thermometres de mercure, de la construction de M. de Reaumur, ces Thermometres qu'on fut surpris de voir descendre à 14 degrés au-dessous de la congélation à Paris dans les plus grands froids du grand hiver de 1709, descendirent alors à 37 degrés: ceux d'esprit de Vin gelérent. Lorsqu'on ouvroit la porte d'une chambre chaude, l'air de dehors convertiſſoit ſur le champ en neige, la vapeur qui s'y trouvoit, & en formoit de gros tourbillons blancs : lorſqu'on ſortoit, l'air ſembloit déchirer la poitrine. Nous étions avertis & menacés à tous moments des augmentations de froid, par le bruit avec lequel les bois dont toutes les maiſons ſont bâties, ſe fendoient. A voir la ſolitude qui regnoit dans les ruës, on eût cru que tous les habitants de la ville étoient morts. Enfin on voyoit à Torneå, des gens mutilés par le froid : & les habitants d'un climat ſi dur, y perdent quelquefois le bras ou la jambe. Le froid, toûjours très-grand dans ces pays, reçoit ſouvent tout-à-coup des augmentations qui le rendent preſque infailliblement funeſte à ceux qui s'y trouvent expoſés. Quelquefois il s'éleve tout-à-coup des tempêtes de neige, qui expoſent encore à un plus grand péril : il ſemble que le vent ſouffle de tous les côtés à la fois; & il lance la neige avec une telle impétuoſité, qu'en un moment tous les chemins ſont perdus. Celui qui eſt pris d'un tel orage à la campagne, voudroit en vain ſe retrouver par la connoiſſance des lieux, ou des marques faites aux arbres ; il eſt aveuglé par la neige, & s'y abîme s'il fait un pas.

Si la terre est horrible alors dans ces climats, le ciel présente aux yeux les plus charmants spectacles. Dès que les nuits commencent à être obscures, des feux de mille couleurs & de mille figures, éclairent le ciel; & semblent vouloir dédommager cette terre, accoûtumée à être éclairée continuellement, de l'absence du Soleil qui la quitte. Ces feux dans ces pays, n'ont point de situation constante, comme dans nos pays méridionaux. Quoiqu'on voye souvent un arc d'une lumiére fixe vers le Nord, ils semblent cependant le plus souvent occuper indifféremment tout le ciel. Ils commencent quelquefois par former une grande écharpe d'une lumiére claire & mobile, qui a ses extrémités dans l'horison, & qui parcourt rapidement les cieux, par un mouvement semblable à celui du filet des pêcheurs, conservant dans ce mouvement assés sensiblement la direction perpendiculaire au Méridien. Le plus souvent après ces préludes, toutes ces lumiéres viennent se réunir vers le Zénith, où elles forment le sommet d'une espece de couronne. Souvent des arcs, semblables à ceux que nous voyons en France vers le Nord, ſe trouvent ſitués vers le Midi; ſouvent il s'en trouve vers le Nord & vers le Midi tout enſemble : leurs ſommets s'approchent, pendant que leurs extrémités s'éloignent en deſcendant vers l'horiſon. J'en ai vû d'ainſi oppoſés, dont les ſommets ſe touchoient preſque au Zénith; les uns & les autres ont ſouvent au-delà pluſieurs autres arcs concentriques. Ils ont tous leurs ſommets vers la direction du Méridien, avec cependant quelque déclinaiſon occidentale, qui ne m'a pas paru toûjours la même, & qui eſt quelquefois inſenſible. Quelques-uns de ces arcs, après avoir eu leur plus grande largeur au-deſſus de l'horiſon, ſe reſſerrent en s'en approchant, & forment au-deſſus plus de la moitié d'une grande Ellipſe. On ne finiroit pas, ſi l'on vouloit dire toutes les figures que prennent ces lumiéres, ni tous les mouvements qui les agitent. Leur mouvement le plus ordinaire, les fait reſſembler à des drapeaux qu'on feroit voltiger dans l'air; & par les nuances des couleurs dont elles ſont teintes, on les prendroit pour de vaſtes bandes de ces taffetas, que nous appellons *flambés*. Quelquefois elles tapiſſent quelques endroits du ciel, d'écarlate. Je vis un jour à Öfwer-Torneå (c'étoit le 18 Décembre) un ſpectacle de cette eſpece, qui attira mon admiration, malgré tous ceux auxquels j'étois accoûtumé. On voyoit vers le Midi, une grande région du ciel teinte d'un rouge ſi vif, qu'il ſembloit que toute la Conſtellation d'Orion fût trempée dans du ſang: cette lumiére, fixe d'abord, devint bientôt mobile, & après avoir pris d'autres couleurs, de violet & de bleu, elle forma un dôme dont le ſommet étoit peu éloigné du Zénith vers le Sud-Oueſt; le plus beau clair de Lune n'effaçoit rien de ce ſpectacle. Je n'ai vû que deux de ces lumiéres rouges qui ſont rares dans ce pays, où il y en a de tant de couleurs; & on les y craint comme le ſigne de quelque grand malheur. Enfin lorſqu'on voit ces phénomenes, on ne peut s'étonner que ceux qui les regardent avec d'autres yeux que les Philoſophes, y voyent des chars enflammés, des armées combattantes, & mille autres prodiges.

Nous demeurâmes à Torneå, renfermés dans nos chambres, dans une eſpece d'inaction, juſqu'au mois de Mars, que nous fîmes de nouvelles entrepriſes.

La longueur de l'arc que nous avions meſuré, qui différoit tant de ce que nous devions trouver, ſuivant les meſures du Livre de la grandeur & figure de la Terre, nous étonnoit; & malgré l'incontestabilité de notre opération, nous réſolûmes de faire les vérifications les plus rigoureuſes de tout notre ouvrage.

Quant à nos Triangles, tous leurs angles avoient été obſervés tant de fois, & par un ſi grand nombre de perſonnes qui s'accordoient, qu'il ne pouvoit y avoir aucun doute ſur cette partie de notre ouvrage. Elle avoit même un avantage qu'aucun autre ouvrage de cette eſpece n'avoit encore eu: dans ceux qu'on a faits juſqu'ici, on s'eſt contenté quelquefois d'obſerver deux angles, & de conclurre le troiſiéme. Quoique cette pratique nous eût été bien commode, & qu'elle nous eût épargné pluſieurs ſéjours déſagréables ſur le ſommet des montagnes, nous ne nous étions diſpenſés d'aucun de ces ſéjours, & tous nos angles avoient été obſervés.

De plus, quoique pour déterminer la diſtance entre Torneå & Kittis, il n'y eût que 8 Triangles neceſſaires; nous avions observé plusieurs angles surnuméraires : & notre Heptagone donnoit par-là des combinaisons ou suites de Triangles sans nombre.

Notre ouvrage, quant à cette partie, avoit donc été fait, pour ainsi dire, un très-grand nombre de fois ; & il n'étoit question que de comparer par le calcul, les longueurs que donnoient toutes ces différentes suites de Triangles. Nous poussâmes la patience jusqu'à calculer 12 de ces suites : & malgré des Triangles rejettables dans de pareilles opérations, par la petitesse de leurs angles, que quelques-unes contenoient, nous ne trouvions pas de différence plus grande que de 54 toises entre toutes les distances de Kittis à Torneå, déterminées par toutes ces combinaisons : & nous nous arrêtâmes à deux, que nous avons jugé préférables aux autres, qui différoient entr'elles de $4\frac{1}{2}$ toises, & dont nous avons pris le milieu pour déterminer la longueur de notre arc.

Le peu de différence qui se trouvoit entre toutes ces distances, nous auroit étonnés, si nous n'eussions sçû quels soins, & combien de temps nous avions employés dans l'observation de nos angles. Huit ou neuf Triangles

Triangles nous avoient coûté 63 jours; & chacun des angles avoit été pris tant de fois, & par tant d'obſervateurs différents, que le milieu de toutes ces obſervations ne pouvoit manquer d'approcher fort près de la vérité.

Le petit nombre de nos Triangles nous mettoit à portée de faire un calcul ſingulier, & qui peut donner les limites les plus rigoureuſes de toutes les erreurs que la plus grande mal-adreſſe, & le plus grand malheur joints enſemble, pourroient accumuler. Nous avons ſuppoſé que dans tous les Triangles depuis la baſe, on ſe fût toûjours trompé de 20″ dans chacun des deux angles, & de 40″ dans le troiſiéme; & que toutes ces erreurs allaſſent toûjours dans le même ſens, & tendiſſent toûjours à diminuer la longueur de notre arc. Et le calcul fait d'après une ſi étrange ſuppoſition, il ne ſe trouve que 54 ½ toiſes pour l'erreur qu'elle pourroit cauſer.

L'attention avec laquelle nous avions meſuré la baſe, ne nous pouvoit laiſſer aucun ſoupçon ſur cette partie. L'accord d'un grand nombre de perſonnes intelligentes, qui écrivoient ſéparément le nombre des perches; & la répétition de cette mesure avec 4 pouces seulement de différence, faisoient une sûreté & une précision superfluës.

Nous tournâmes donc le reste de notre examen vers l'amplitude de notre arc. Le peu de différence qui se trouvoit entre nos observations, tant à Kittis qu'à Torneå, ne nous laissoit rien à desirer, quant à la maniére dont on avoit observé.

A voir la solidité & la construction de notre Secteur, & les précautions que nous avions prises en le transportant, il ne paroissoit pas à craindre qu'il lui fût arrivé aucun dérangement.

Le limbe, la lunette & le centre de cet instrument, ne forment qu'une seule piéce; & les fils au foyer de l'objectif, sont deux fils d'argent, que M. Graham a fixés, de maniére qu'il ne peut arriver aucun changement dans leur situation, & que malgré les effets du froid & du chaud, ils demeurent toûjours également tendus. Ainsi les seuls dérangements qui paroîtroient à craindre pour cet instrument, sont ceux qui altéreroient sa figure en courbant la lunette. Mais si l'on fait le calcul des effets de telles altérations, on verra que pour qu'elles causassent une erreur d'une seconde dans l'amplitude de notre arc, il faudroit une fléxion si considérable qu'elle seroit facile à appercevoir. Cet instrument, dans une boîte fort solide, avoit fait le voyage de Kittis à Torneå en bateau, toûjours accompagné de quelqu'un de nous, & descendu dans les cataractes, & porté par des hommes.

La situation de l'Etoile que nous avions observée, nous assûroit encore contre la fléxion qu'on pourroit craindre qui arrivât au rayon ou à la lunette de ces grands instruments, lorsque l'Etoile qu'on observe est éloignée du Zénith, & qu'on les incline pour les diriger à cette Etoile. Leur seul poids les pourroit faire plier; & la méthode d'observer l'Etoile des deux différents côtés de l'instrument, qui peut remedier à quelques autres accidents, ne pourroit remédier à celui-ci: car s'il est arrivé quelque fléxion à la Lunette, lorsqu'on observoit, la face de l'instrument tournée vers l'Est; lorsqu'on retournera la face vers l'Ouest, il se fera une nouvelle fléxion en sens contraire, & à peu-près égale; de maniére que le point qui répondoit au Zénith, lorsque la face de l'instrument étoit tournée vers l'Est, y répondra peut-être encore lorsqu'elle sera tournée vers l'Ouest ; sans que pour cela l'arc qui mesurera la distance au Zénith, soit juste. La distance de notre Etoile au zénith de Kittis, n'étoit pas d'un demi-degré ; ainsi il n'étoit point à craindre que notre Lunette approchant si fort de la situation verticale, eût souffert aucune fléxion.

Quoique par toutes ces raisons, nous ne pussions pas douter que notre amplitude ne fût juste, nous voulûmes nous assûrer encore par l'expérience qu'elle l'étoit : & nous employâmes pour cela la vérification la plus pénible, mais celle qui nous pouvoit le plus satisfaire, parce qu'elle nous feroit découvrir en même temps & la justesse de notre instrument, & la précision avec laquelle nous pouvions compter avoir l'amplitude de notre arc.

Cette vérification consistoit à déterminer de nouveau l'amplitude du même arc par une autre Etoile. Nous attendîmes donc l'occasion de pouvoir faire quelques observations consécutives d'une même Etoile, ce qui est difficile dans ces pays, où rarement on a trois ou quatre belles nuits de ſuite: & ayant commencé le 17 Mars 1737 à obſerver l'Etoile *α du Dragon* à Torneå dans le même lieu qu'auparavant, & ayant eu trois bonnes obſervations de cette Etoile, nous partîmes pour aller faire les obſervations correſpondantes ſur Kittis. Cette fois notre Secteur fut tranſporté dans un traîneau qui n'alloit qu'au pas ſur la neige, voiture la plus douce de toutes celles qu'on peut imaginer. Notre nouvelle Etoile paſſoit encore plus près du Zénith que l'autre, puiſqu'elle n'étoit pas éloignée d'un quart de degré du zénith de Torneå. *Mars 1737.*

La Méridienne tracée dans notre obſervatoire ſur Kittis, nous mit en état de placer promptement notre Secteur; & le 4 Avril, nous y commençâmes les obſervations de *α*. Nous eûmes encore ſur Kittis trois obſervations qui, comparées à celles de Torneå, nous donnérent l'amplitude de 57′ 30″ ½, qui ne différe de celle qu'on avoit trouvée par *δ*, que de 3″ ½, en faiſant la correction pour l'Aberration de la lumiére. *Avril.*

Et ſi l'on n'admettoit pas la théorie de l'Aberration de la lumiére, cette amplitude

Avril. par la nouvelle Etoile ne différeroit pas d'une seconde de celle qu'on avoit trouvée par l'Etoile δ.

La précision avec laquelle ces deux amplitudes s'accordoient, à une différence près si petite, qu'elle ne va pas à celle que les erreurs dans l'observation peuvent causer; différence qu'on verra encore dans la suite, qui étoit plus petite qu'elle ne paroissoit. Cet accord de nos deux amplitudes étoit la preuve la plus forte de la justesse de notre instrument, & de la sûreté de nos observations.

Ayant ainsi répété deux fois notre opération, on trouve par un milieu entre l'amplitude concluë par δ, & l'amplitude par α, que l'amplitude de l'arc du Méridien que nous avons mesuré entre Torneå & Kittis, est de 57′ 28″$\frac{3}{4}$, qui, comparée à la longueur de cet arc de 55023 $\frac{1}{2}$ toises, donne le degré qui coupe le Cercle Polaire de 57437 toises, plus grand de 377 toises que celui que M. Picard a déterminé entre Paris & Amiens, qu'il fait de 57060 toises.

Mais il faut remarquer que comme l'Aberration des Etoiles n'étoit pas connuë du temps de M. Picard, il n'avoit fait aucune correction pour cette Aberration. Si l'on fait cette correction, & qu'on y joigne les corrections pour la Précession des Equinoxes & la Réfraction, que M. Picard avoit négligées, l'amplitude de son arc est 1° 23′ 6″½, qui, comparée à la longueur, 78850 toises, donne le degré de 56925 toises, plus court que le nôtre de 512 toises. *Avril.*

Et si l'on n'admettoit pas l'Aberration, l'amplitude de notre arc seroit de 57′ 25″, qui, comparée à sa longueur, donneroit le degré de 57497 toises, plus grand de 437 toises que le degré que M. Picard avoit déterminé de 57060 toises sans Aberration.

Enfin, notre degré avec l'Aberration différe de 950 toises de ce qu'il devoit être, suivant les mesures que M. Cassini a établies dans son Livre de la Grandeur & Figure de la Terre; & en différe de 1000 en n'admettant pas l'Aberration.

D'où l'on voit que *la Terre est considérablement applatie vers les Poles.*

Pendant notre séjour dans la Zone glacée, les froids étoient encore si grands, que le 7 Avril à 5 heures du matin, le Thermometre descendoit à 20 degrés au-

Avril. dessous de la congélation; quoique tous les jours après midi, il montât à 2 & 3 degrés au-dessus. Il parcouroit alors du matin au soir, un intervalle presque aussi grand qu'il fait communément depuis les plus grandes chaleurs jusqu'aux plus grands froids qu'on ressente à Paris. En 12 heures, on éprouvoit autant de vicissitudes, que les habitants des Zones tempérées en éprouvent dans une année entiére.

Nous poussâmes le scrupule jusques sur la direction de notre Heptagone avec la Méridienne. Cette direction, comme on a vû, avoit été déterminée sur Kittis par un grand nombre d'observations du passage du Soleil par les Verticaux de Niemi & de Pullingi; & il n'étoit pas à craindre que notre figure se fût dérangée de sa direction, par le petit nombre de Triangles en quoi elle consiste, & après la justesse avec laquelle la somme des angles de notre Heptagone approchoit de 900 degrés. Cependant nous voulûmes reprendre à Torneå cette direction.

On se servit pour cela d'une autre méthode que celle qui avoit été pratiquée sur Kittis; celle-ci consistoit à observer l'angle entre le Soleil dans l'horiſon, & quelques-uns de nos ſignaux, avec l'heure à laquelle on prenoit cet angle. Les trois obſervations qu'on fit, nous donnérent par un milieu cette direction, à 34″ près de ce qu'elle étoit, en la concluant des obſervations de Kittis. *Mai.*

Chaque partie de notre ouvrage ayant été tant répétée, il ne reſtoit plus qu'à examiner la conſtruction primitive & la diviſion de notre Secteur. Quoiqu'on ne pût guére la ſoupçonner, nous entreprîmes d'en faire la vérification, en attendant que la ſaiſon nous permît de partir; & cette opération mérite que je la décrive ici, parce qu'elle eſt ſinguliére, & qu'elle peut ſervir à faire voir ce qu'on peut attendre d'un inſtrument tel que le nôtre, & à découvrir ſes dérangements, s'il lui en étoit arrivé.

Nous meſurâmes le 4 Mai (toûjours ſur la glace du fleuve) une diſtance de 380^{toiſes} 1^{pied} 3^{pouces} 0^{ligne}, qui devoit ſervir de rayon; & l'on ne trouva, par deux fois qu'on la meſura, aucune différence. On planta deux fermes poteaux avec deux mires dans la ligne tirée perpendiculairement à l'extrémité de cette diſtance; & ayant

Mai. mesuré la distance entre les centres des deux mires, cette distance étoit de 36 toises 3 pieds 6 pouces $6\frac{2}{3}$ lignes, qui devoit servir de tangente.

On plaça le Secteur horisontalement dans une chambre, sur deux fermes affuts appuyés sur une voute, de maniére que son centre se trouvoit précisément à l'extrémité du rayon, de 380 toises 1 pied 3 pouces : & cinq observateurs différents ayant observé l'angle entre les deux mires, la plus grande différence qui se trouvoit entre les cinq observations, n'alloit pas à 2 secondes; & prenant le milieu, l'angle entre les mires étoit de $5° 29' 52'',7$. Or, selon la construction de M. Graham, dont il nous avoit averti, l'arc de $5°\frac{1}{2}$ sur son limbe, est trop petit de $3''\frac{3}{4}$; retranchant donc de l'angle observé entre les mires, $3''\frac{3}{4}$, cet angle est de $5° 29' 48'',95$: & ayant calculé cet angle, on le trouve de $5° 29' 50''$; c'est-à-dire, qu'il différe de $1''\frac{1}{20}$ de l'angle observé.

On s'étonnera peut-être qu'un Secteur, qui étoit de $5° 29' 56''\frac{1}{4}$ dans un climat aussi tempéré que celui de Londres, & divisé dans une chambre, qui vrai-semblablement

Mai.

n'étoit pas froide, se soit encore trouvé précisément de la même quantité à Torneå, lorsque nous en avons fait la vérification. Les parties de ce Secteur étoient sûrement contractées par le froid, dans ce dernier temps. Mais on cessera d'être surpris, si l'on fait attention que cet instrument est tout formé de la même matiére, & que toutes ses parties doivent s'être contractées proportionnellement : on verra qu'il avoit dû se conserver dans une figure semblable ; & il s'y étoit conservé.

Ayant trouvé une exactitude si merveilleuse dans l'arc total de notre Secteur, nous voulûmes voir si les deux degrés de son limbe, dont nous nous étions servis, l'un pour δ, l'autre pour α, étoient parfaitement égaux. M. Camus, dont l'adresse nous avoit déja été si utile en plusieurs occasions, nous procura les moyens de faire cette comparaison avec toute l'exactitude possible ; & ayant comparé nos deux degrés l'un avec l'autre, le milieu des observations faites par cinq observateurs, donnoit le degré du limbe dont on s'étoit servi pour δ, plus grand que celui pour α, d'une seconde.

Nous fûmes surpris, lorsque nous vîmes

Mai. que cette inégalité entre ces deux degrés, diminuoit encore la différence très-petite que nous avions trouvée entre nos deux amplitudes; & la réduisoit de 3″ ½ qu'elle étoit, à 2″ ½. Et l'on verra dans le détail des opérations, qu'on peut assés compter sur cette différence entre les deux degrés du limbe, toute petite qu'elle est, par les moyens qu'on a pratiqués pour la découvrir.

Nous vérifiâmes ainsi, non-seulement l'amplitude totale de notre Secteur; mais encore différents arcs, que nous comparâmes entr'eux: & cette vérification d'arc en arc, jointe à la vérification de l'arc total, que nous avions faite, nous fit connoître que nous ne pouvions rien désirer dans la construction de cet instrument; & qu'on n'auroit pas pu y espérer une si grande précision.

Nous ne sçavions plus qu'imaginer à faire sur la mesure du degré du Méridien; car je ne parlerai point ici de tout ce que nous avons fait sur la Pesanteur; matiére aussi importante que celle-ci, & que nous avons traitée avec les mêmes soins. Il suffira maintenant de dire, que si, à l'exemple de Mrs Newton & Huygens, & quelques autres, parmi lesquels je n'ose presque me nommer, on veut déterminer la Figure de la Terre par la Peſanteur; toutes les expériences que nous avons faites dans la Zone glacée, donneront la Terre applatie, comme la donnent celles que nous apprenons que M.rs Godin, Bouguer & la Condamine ont déja faites dans la Zone torride. *Mai.*

Le Soleil cependant s'étoit rapproché de nous, ou plûtôt ne quittoit preſque plus notre horiſon: c'étoit un ſpectacle ſingulier que de le voir ſi long-temps éclairer un horiſon tout de glace, de voir l'été dans les cieux, pendant que l'hiver étoit ſur la terre. Nous étions alors au matin de ce long jour, qui dure pluſieurs mois; cependant il ne paroiſſoit pas que ce Soleil aſſidu causât aucun changement à nos glaces, ni à nos neiges.

Le 6 Mai, il commença à pleuvoir, & l'on vit quelque eau ſur la glace du fleuve. Tous les jours à midi, il fondoit de la neige, & tous les ſoirs l'hiver reprenoit ſes droits. Enfin le 10 Mai, on apperçût la terre, qu'il y avoit ſi long-temps qu'on n'avoit vûë: quelques pointes élevées, & expoſées au Soleil, commencérent à paroître, comme on vit après le déluge, le ſommet des montagnes ; & bien-tôt après tous les Oiseaux du pays reparurent. Vers le commencement de Juin, les glaces rendirent la terre & la mer. Nous pensâmes aussi-tôt à retourner à Stockholm : nous partîmes le 9 Juin, les uns par terre, les autres par mer. Mais le reste de nos avantures, ni notre naufrage dans le golfe de Bottnie, ne sont point de notre sujet.

Juin.

OBSERVATIONS FAITES AU CERCLE POLAIRE.

LIVRE PREMIER.

PREMIERE PARTIE.

Opérations pour la Mesure du Degré du Méridien.

CHAPITRE PREMIER.

Observations pour former les Triangles, & déterminer leur position par rapport à la Méridienne.

I.

Angles observés.

TOUS les angles suivants ont été observés avec un Quart-de-cercle de deux pieds de rayon, armé d'un Micrometre; & cet instrument vérifié plusieurs fois autour de l'horison, donnoit toûjours la somme des angles fort près de 360°.

Les dixiémes de secondes, qu'on trouvera ici, viennent de ce que dans la réduction des parties du Micrometre en secondes, on a voulu faire le calcul à la rigueur, & non pas d'une exactitude imaginaire, à laquelle on croiroit être parvenu.

Voici ces angles tels qu'ils ont été observés, avec les hauteurs apparentes des objets observés, où le signe + marque des élevations, & le signe — des abbaissements au-dessous de l'horison.

	Angles observés.	*Angles réduits à l'Horison.*	*Hauteurs.*
	Dans la Flêche de l'Eglise de Torneå.		
Fig. 1.	*CTK*... 24° 23′ 0,″2	24° 22′ 58,″8	*C*.... 0′ 0″
	Et par la réduction, pour ce que le centre de l'instrument étoit à 5 pieds du centre de la flêche, dans la direction de Cuitaperi,		
	CTK.	24 22 54,5	
	KTn... 19 38 20,9	19 38 20,1	*n*... + 3 0
	Et par la réduction pour le lieu du centre, l'instrument placé dans le même endroit.		
	KTn	19 38 17,8	*K*... + 8 40 l'Horison de la Mer — 11 0

Angles

Angles observés.	*Angles réduits à l'Horison.*	*Hauteurs.*
Sur Niwa.		
TnK... 87° 44′ 24,″8	87° 44′ 19,″4	*T*... — 17′ 40″
HnK... 73 58 6,5	73 58 5,7	*K*... + 16 50
AnK... 95 29 52,8	95 29 54,4	*A*... + 4 40
AnH=*AnK*—*HnK*	21 31 48,7	*H*... — 0 30
AnH=21 32 16,9	21 32 16,3	
AnH eſt donc	21 32 2,5	
CnH... 31 57 5,2	31 57 3,6	*C*... + 10 0
Sur Kakama.		
TKn... 72 37 20,8	72 37 27,8	*n*... — 22 50
CKn... 45 50 46,2	45 50 44,2	*C*... — 4 45
HKn... 89 36 0,4	89 36 2,4	*H*... — 5 10
HKC=*nKH*—*CKn*	43 45 18,2	
HKC... 43 45 46,8	43 45 47,0	
HKC... 43 45 41,5	43 45 41,7	
HKC eſt donc	43 45 35,6	
CKT=*CKn*+*nKT*	118 28 12,0	*T*... — 24 10
HKN... 9 41 48,1	9 41 47,7	*N*... — 8 10
Sur Cuitaperi.		
		K... — 6 10
KCn... 28 14 56,9	28 14 54,7	*n*... — 19 0
TCK... 37 9 15,0	37 9 12,0	*T*... — 24 10
HCK... 100 9 56,4	100 9 56,8	*H*... — 2 40
ACH... 30 56 54,4	30 56 53,4	*A*... + 5 0

Fig. 1.

Angles observés.		Angles réduits à l'Horison.	Hauteurs.
	Sur Avasaxa.		
HAP...	53° 45′ 58,″1	53° 45′ 56,″7	*P*... + 4′ 50″
HAx...	24 19 34,8	24 19 35,0	*H*... — 8 0
xAn...	77 47 46,7	77 47 49,5	*x*... — 10 40
xAC...	88 2 11,0	88 2 13,6	*C*... — 14 15
HAn = *HAx* + *xAn*		102 7 24,5	*n*... — 20 20
HAC = *CAx* + *xAH*		112 21 48,6	
CAn...	10 13 54,2	10 13 52,8	
	Sur Pullingi.		
APH...	31 19 53,7	31 19 55,5	*H*... — 22 0
QPN...	87 52 9,7	87 52 24,3	*A*... — 18 10
NPH...	37 21 58,9	37 22 2,1	*Q*... — 32 40
			N... — 26 50
	Sur Kittis.		
NQP...	40 14 57,3	40 14 52,7	*P*... + 22 30
			N... + 1 0
	Sur Niemi.		
PNQ...	51 53 13,7	51 53 4,3	*P*... + 18 30
PNH...	93 25 8,1	93 25 7,5	*Q*... — 14 0
HNK...	27 11 55,3	27 11 53,3	*H*... — 2 40
			K... — 14 0
	Sur Horrilakero.		
CHn...	19 38 21,8	19 38 21,0	*n*... — 18 15
CHA...	36 42 4,3	36 42 3,1	*A*... 0 0
AHP...	94 53 49,7	94 53 49,7	*P*... + 11 50
PHN...	49 13 11,9	49 13 9,3	*N*... — 5 0
KHn...	16 26 6,7	16 26 6,3	*K*... — 12 30
CHK...	36 4 54,1	36 4 54,7	*C*... — 10 40

Angles pour lier la base Bb *avec les sommets d'Avâsaxa & de Cuitaperi.*

Angles observés.	*Angles réduits au même plan.*	*Hauteurs des objets vûs du point* B.
ABb.. 9° 21′ 58,″0	Réduisant *A B y*, *yB C*, & *A B z*, *zB C* au même plan *A BC*, & prenant un milieu entre les deux valeurs de *A B C*, qu'on a par-là.	
AbB..77 31 48,1		*A*.+0° 40′ 30″
BAb..93 6 7,2		
ABy..61 30 5,4		*y*..+1 23 30
yBC..41 12 3,4		*C*.+1 4 5
ABz..46 7 57,5	*ABC*..102°42′13,″5	*z*..+1 11 0
zBC..56 34 22,2		
ACB..54 40 28,8		
BAC..22 37 20,6		

Les lettres *x*, *y*, *z*, désignent des objets intermédiaires qui ont servi à prendre en deux fois l'angle *A B C*, qui étoit plus grand que l'amplitude du Quart-de-cercle.

I I.

Observations faites sur Kittis, pour déterminer la ligne Méridienne.

L'instrument avec lequel on a fait ces observations, consistoit en une Lunette de 15 pouces, mobile autour d'un axe horisontal, auquel elle est perpendiculaire. Cet instrument étoit placé au centre du signal qu'on avoit bâti sur Kittis, où la hauteur du Pole est de 66° 48′ 20″, & qu'on a supposé dans ce calcul, plus oriental que Paris de 1^h 23′.

Il y avoit au même lieu, une Pendule qu'on regloit tous les jours par des hauteurs correspondantes du Soleil, & c'est l'heure du passage du centre du Soleil déterminé par les passages des deux bords, que nous donnons ici en temps vrai.

Passages du centre du Soleil par le Vertical du signal de Pullingi.

1736.	Soir.	
Le 30 Sept. à	1^h 49′ 49″	Déclin. mérid. du ☉.. 3° 0′ 40″
Le 1 Oct. à	1 50 7¼	Déclin. mérid. du ☉.. 3 24 1
Le 2 Oct. à	1 50 26	Déclin. mérid. du ☉.. 3 47 19
Le 7 Oct. à	1 51 54¾	Déclin. mérid. du ☉.. 5 42 56
Le 8 Oct. à	1 52 14½	Déclin. mérid. du ☉.. 6 6 10

Passages du centre du Soleil par le Vertical du signal de Niemi.

1736.	Matin.	
Le 4 Oct. à	11^h 16′ 37″	Déclin. mérid. du ☉.. 4° 31′ 22″
Le 7 Oct. à	11 16 15¾	Déclin. mérid. du ☉.. 5 40 26
Le 8 Oct. à	11 16 12	Déclin. mérid. du ☉.. 6 3 39

CHAPITRE II.

Angles formés par la Méridienne & par les lignes tirées de Kittis à Pullingi & à Niemi.

LA méthode dont on s'est servi pour trouver par ces observations, les angles que forment avec la Méridienne, les lignes tirées de Kittis à Pullingi & à Niemi, consiste à résoudre les Triangles sphériques *PZS*, *PZs*, où l'on connoît le côté *PZ* de 23° 11′ 40″ distance du Zénith de Kittis au Pole; *PS* ou *Ps* le complément de la déclinaison du Soleil pour le temps de l'observation; & l'angle *ZPS* ou *ZPs* donné par le temps du passage du Soleil par le vertical *Zp* ou *ZN* de Pullingi ou de Niemi; d'où l'on trouve les angles *HZp* & *HZN*, ou *HQp* & *HQN*, que forment avec la Méridienne, les lignes tirées de Kittis à Pullingi & à Niemi. Fig. 3.

Voici comme on a trouvé ces angles par chaque observation.

Déclin. occid. de Pullingi.				*Déclin. orient. de Niemi.*		
30 Septembre.	28°	51′	54″			
1 Octobre....	28	51	56			
2 Octobre....	28	52	5			
4 Octobre.				11°	23′	30″
7 Octobre ...	28	51	43	11	23	23
8 Octobre....	28	52	6	11	22	31

Fig. 3. Et comme on a l'angle *NQP (p. 82.)* de 40° 14′ 52″,7, les déclinaisons précédentes de Niemi se peuvent changer dans les déclinaisons suivantes de Pullingi.

28°	51′	23″
28	51	30
28	52	22

Prenant un milieu entre toutes ces déclinaisons, on a pour la déclinaison de Pullingi,

Fig. 2. ou l'angle *PQM*, 28° 51′ 52″.

CHAPITRE III.

Mesure de la base, & calcul des Triangles des deux suites principales.

I.

Mesure de la Base.

Fig. 1. *Bb* est la base; elle a été mesurée deux fois par deux troupes différentes, dont chacune avoit quatre perches, longues chacune de 30 pieds.

	Toif.	Pieds.	Pouc.
La 1.re mesure étoit de	7406	5	0
La 2.de de	7406	5	4
Donc par un milieu, la base étoit de	7406	5	2

II.

Calcul des deux Triangles par lesquels commencent toutes les suites.

A B b.

	Angles observés.			Angles corrigés pour le calcul.		
A B b...	9°	21′	58,″0	9°	22′	0″
A b B...	77	31	48,1	77	31	50
B A b...	93	6	7,2	93	6	10
	179	59	53,3	180	0	0

Fig. 1.

A B C.

ABC...	102	42	13,5	102	42	12
BAC...	22	37	20,6	22	37	20
ACB...	54	40	28,8	54	40	28
	180	0	2,9	180	0	0

En calculant ces deux Triangles d'après la base *B b* de 7406 toises 5 pieds 2 pouces, on trouve la distance *A C*, entre Avasaxa & Cuitaperi de 8659,94 toises.

Et comme ces deux Triangles sont d'une grande justesse, & que leur disposition est très-favorable pour conclurre exactement cette distance, on peut regarder *A C* comme la base.

III.

Calcul des Triangles de la premiére suite.

ACH.

Fig. 2.

Angles observés, réduits à l'horison.				*Angles corrigés pour le calcul.*		
CAH...	112°	21′	32,″9	112°	21′	17″
ACH...	30	56	53,4	30	56	47
AHC...	36	42	3,1	36	41	56
	180	0	29,4	180	0	0

CHK.

CHK...	36	4	54,7	36	4	46
CKH...	43	45	35,6	43	45	26
KCH...	100	9	56,8	100	9	48
	180	0	27,1	180	0	0

CKT.

KCT...	37	9	12,0	37	9	7
CKT...	118	28	12,0	118	28	3
CTK...	24	22	54,3	24	22	50
	180	0	18,3	180	0	0

AHP.

AHP...	94	53	49,7	94	53	56
HAP...	53	45	56,7	53	46	3
APH...	31	19	55,5	31	20	1
	179	59	41,9	180	0	0

HNP.

HNP...	93	25	7,5	93	25	1
NHP...	49	13	9,3	49	13	3
HPN...	37	22	2,1	37	21	56
	180	0	18,9	180	0	0

NPQ.

NPQ...	87	52	24,3	87	52	17
NQP...	40	14	52,7	40	14	46
PNQ...	51	53	4,3	51	52	57
	180	0	21,3	180	0	0

Prenant $AC = 8659{,}94$ toises, tel qu'on l'a trouvé *(page 87.)* par les deux Triangles *ABb, ABC;* on trouve par la résolution des Triangles précédents,

$$AP = 14277{,}43 \text{ toises.}$$
$$PQ = 10676{,}9$$
$$CT = 24302{,}64$$

Ces lignes forment avec la Méridienne, les angles suivants,

$$PQD = 61^\circ \ 8' \ 8''$$
$$APE = 84 \ 33 \ 54$$
$$ACF = 81 \ 33 \ 26$$
$$CTG = 69 \ 49 \ 8$$

Et la résolution des Triangles rectangles *DQP, APE, ACF, CTG,* donne pour les parties de la Méridienne,

	toises.
$PD =$	9350,45
$AE =$	14213,24
$AF =$	8566,08
$CG =$	22810,62
$QM =$	54940,39

pour l'arc du Méridien qui passe par Kittis, & qui est terminée par la perpendiculaire tirée de Torneå.

I V.

Calcul des Triangles de la seconde suite.

ACH.

Fig. 2.

	Angles observés, réduits à l'horison.			Angles corrigez pour le calcul.		
ACH...	30°	56′	53,″4	..... 30°	56′	47″
CAH...	112	21	32,9	 112	21	17
AHC...	36	42	3,1	 36	41	56
	180	0	29,4	180	0	0

CHK.

CHK...	36	4	54,7	 36	4	46
CKH...	43	45	35,6	 43	45	26
KCH...	100	9	56,8	 100	9	48
	180	0	27,1	180	0	0

CKT.

CKT...	118	28	12,0	 118	28	3
CTK...	24	22	54,3	 24	22	50
KCT..	37	9	12,0	 37	9	7
	180	0	18,3	180	0	0

HKN.

HKN...	9	41	47,7	 9	41	50
HNK...	27	11	53,3	 27	11	56
KHN...	143	6	3,2	 143	6	14
	179	59	44,2	180	0	0

HNP.

HNP...	93	25	7,5	 93	25	1
HPN...	37	22	2,1	 37	21	56
NHP...	49	13	9,3	 49	13	3
	180	0	18,9	180	0	0

NPQ.

NPQ...	87	52	24,3	 87	52	17
NQP...	40	14	52,7	 40	14	46
PNQ...	51	53	4,3	 51	52	57
	180	0	21,3	180	0	0

Se ſervant toûjours de

$$AC = 8659{,}94^{\text{toiſes.}}$$

on a par la réſolution des Triangles précédents,

$$QN = 13564{,}64^{\text{toiſes.}}$$
$$NK = 25053{,}25$$
$$KT = 16695{,}84$$

Ces lignes forment avec la Méridienne, les angles ſuivants,

$$NQd = 78^\circ\ 37'\ 6''$$
$$KNL = 86\ \ 7\ \ 12$$
$$KTg = 85\ \ 48\ \ 7$$

La réſolution des Triangles *QNd, KNL, KTg*, donne pour les parties de la Méridienne,

$$Nd = 13297{,}88^{\text{toiſes.}}$$
$$KL = 24995{,}83$$
$$Kg = 16651{,}05$$

$$QM = 54944{,}76$$

L'autre ſuite donnoit . . . $QM = 54940{,}39$

Donc par un milieu . . . . $QM = 54942{,}57$

CHAPITRE IV.

Détermination de la véritable longueur de l'arc du Méridien, dont on a déterminé l'amplitude.

I.

Fig. 2. LEs lieux de nos obſervatoires qui répondoient au centre du Secteur avec lequel on a obſervé les Etoiles pour déterminer l'amplitude de l'arc meſuré, étoient, celui de Torneå plus méridional que le point *T*, flêche de l'Egliſe, ſommet du premier Triangle, de $73^{\text{toiſes}}\ 4^{\text{pieds}}\ 5\frac{1}{2}^{\text{pouces}}$, qui furent meſurées ſur la glace du fleuve par des perpendiculaires abbaiſſées; & celui de Kittis plus ſeptentrional que le point *Q*, centre de notre ſignal, de $3^{\text{toiſes}}\ 4^{\text{pieds}}\ 8^{\text{pouces}}$.

Ajoûtant donc ces deux diſtances à la diſtance *QM*, on aura $qm = 55020{,}09^{\text{toiſ.}}$

II.

Cette ligne *qm* n'eſt pas exactement l'arc du Méridien qui doit être comparé à la différence en latitude.

Car la perpendiculaire *tm* n'eſt point l'arc

du parallele paſſant par t; ſuppoſant l'arc $t\mu$ ce parallele, pour trouver le point μ, il faut lui tirer la tangente $t\nu$, & diviſer la diſtance $m\nu$ en deux également.

Pour avoir la valeur de $m\nu$, il faut premiérement calculer mt qui ne différe pas ici ſenſiblement de MT, & qu'on trouvera de 3149,5 toiſes par la réſolution des Triangles précédents : par cette ligne, & par la latitude de Torneå, en ſuppoſant la Terre ſphérique & le degré de 57000 toiſes (ſuppoſition qui ne peut apporter ici aucune erreur ſenſible), on trouvera facilement l'angle que forment entr'elles les tangentes des deux Méridiens qui paſſent par Q & par T, qui eſt le même que l'angle $mt\nu$. Cet angle eſt de 7′ 24″; d'où $m\nu$ doit être de 6,76 toiſes, dont la moitié 3,38 eſt la valeur de $m\mu$, qu'il faut ajoûter à la diſtance qm pour avoir l'arc du Méridien dont on a obſervé l'amplitude; cet arc $q\mu = 55023,47^{\text{toiſes}}$.

CHAPITRE V.

Observations pour déterminer l'amplitude de l'arc du Méridien, terminé par les Paralleles qui passent par Kittis & Torneå.

I.

NOus ne ferons point ici, de l'instrument dont nous nous sommes servis, une description complette, qui seroit d'un trop long détail, & que nous reservons pour un autre ouvrage. Nous tâcherons seulement d'expliquer ce que cet instrument a de particulier, & de le faire connoître autant qu'il est nécessaire pour qu'on entende mieux, & les observations que nous en donnons, & les vérifications que nous en avons faites.

Une grosse lunette de cuivre d'environ 9 pieds, forme le rayon d'un limbe qui n'est que de $5^{\circ}\frac{1}{2}$, & qui a deux divisions, chacune de $7'\frac{1}{2}$ en $7'\frac{1}{2}$, l'une d'un rayon plus court, & faite par des points plus gros; l'autre d'un rayon plus long, & marquée par des points plus petits. Au foyer de la lunette, sont deux fils d'argent en croix, que M.

Graham lui-même a pris ſoin d'attacher de la maniére la plus ſolide, & qui ſe tiennent toûjours également tendus par le moyen de deux reſſorts, afin qu'ils ne ſoient ſujets à aucun dérangement. Cette lunette, le centre d'où pend le fil à plomb, & ſon limbe, ne font qu'une ſeule piece, qui eſt proprement tout l'inſtrument, qui, comme l'on voit, n'eſt pas ſujet à ſe déranger, comme le ſont ceux dont le centre eſt amovible. Il pend librement par deux tourillons cylindriques qui ſont à l'extrémité ſupérieure de la lunette, & qui portant ſur deux couſſinets fixes, lui permettent d'oſciller comme un pendule. Un des tourillons ſe termine par un cylindre très-délié, qu'on a encore diminué à l'endroit qui ſe trouve dans le plan de l'arc du limbe, dont il eſt le centre. C'eſt à cet endroit de l'axe du tourillon qu'eſt ſuſpendu le fil à plomb ; & c'eſt autour de cet axe que ſe meut la lunette, pendant que ſon limbe, par le moyen de deux roues, coule toûjours appliqué contre un autre limbe immobile attaché à un gros arbre, qui paſſe par le milieu d'une grande pyramide de bois qui ſert de ſupport à l'inſtrument. C'eſt à ce limbe immobile qu'on attache le Micrometre, à l'endroit qui convient pour l'obſervation; & voici l'uſage de ce Micrometre.

Le limbe immobile, & celui du Secteur étant placés dans la direction du Méridien, la lunette pendant ſur ſes tourillons ſe tiendroit dans une ſituation verticale; mais un poids léger attaché à une ficelle qui paſſe ſur une poulie la tire vers le Midi, pendant que le Micrometre la repouſſe vers le Nord, par le moyen d'une pointe d'acier qui s'appuye ſur un endroit de la lunette où eſt un petit miroir d'acier. Cette pointe conduite par une vis très-fine, s'avançant contre le miroir, ou ſe retirant, fait décrire à la lunette autour de ſes tourillons, de petits arcs; & deux cadrans, pendant ce temps-là, marquent le nombre de révolutions & de parties de révolution dont la pointe du Micrometre s'eſt avancée ou retirée; c'eſt-à-dire, l'amplitude de l'arc qu'a décrit la lunette pendant ce mouvement; pourvû qu'on connoiſſe le rapport de chaque révolution de la vis aux minutes & aux ſecondes.

Comme ce rapport changeroit, ſi la pointe de la vis portoit plus haut ou plus bas contre le petit miroir; ce miroir hors du temps de l'obſervation eſt recouvert d'une

lame

lame de cuivre ſur laquelle eſt tracée une ligne; à la hauteur de laquelle ſe doit trouver la pointe du Micrometre, afin que ſes révolutions conſervent toûjours le même rapport aux minutes. On peut hauſſer ou baiſſer la pointe, juſqu'à ce qu'elle ſe trouve à la hauteur de cette ligne: & c'eſt pour cette ſituation du Micrometre qu'on a déterminé le rapport des révolutions aux minutes.

On commençoit l'obſervation par placer le point du limbe le plus proche pour la ſituation où la lunette devoit être, ſous le fil qui pend du centre, & dont le poids trempoit dans un vaiſſeau rempli d'eau-de-vie. Cette opération ſe fait avec tant de juſteſſe par le moyen du Micrometre, & d'un Microſcope, dont le foyer eſt éclairé perpendiculairement au limbe, que plaçant, & déplaçant pluſieurs fois le point, rarement trouve-t-on une partie de différence ſur le cadran du Micrometre, c'eſt-à-dire, rarement une ſeconde: & quand le fil, au lieu d'être pendu librement, étoit arrêté ſur des chevalets, comme dans nos vérifications, rarement trouvoit-on plus de $\frac{1}{4}$ ſeconde de différence entre une fois & une autre qu'on plaçoit le point ſous le fil.

Cette précision pourra paroître difficile à croire à ceux qui n'ont pas vû d'instrument comme le nôtre ; mais ils verront ce qu'ils en doivent penser, lorsqu'ils examineront les observations qui ont été faites avec cet instrument par plusieurs observateurs différents.

On écrivoit ce que marquoit le Micrometre, lorsque le point du limbe étoit bien coupé par le fil à plomb avant le passage de l'Etoile. Lorsque l'Etoile passoit au Méridien, l'observateur sans pouvoir voir les cadrans du Micrometre en tournoit la vis, jusqu'à ce que l'Etoile lui parût bien coupée dans la lunette par le fil perpendiculaire au limbe. On comptoit alors les révolutions & parties de révolution que l'Observateur faisoit faire à la vis, qu'il falloit ajoûter ou soustraire à l'arc terminé par le point que coupoit le fil à plomb avant l'observation, pour avoir le lieu du limbe sur lequel tomboit le fil au passage de l'Etoile. Enfin, après le passage, on vérifioit l'observation, en remettant sous le fil, le point sur lequel le fil avoit été avant l'observation. Si le Micrometre marquoit encore le même nombre de révolutions & de parties de révolution, qu'il avoit marqué avant le paſſage de l'Etoile, ou que la différence ne fût que d'une, ou même de deux parties, on pouvoit compter ſur l'obſervation; & l'on prenoit le milieu entre le nombre que marquoit le Micrometre avant l'obſervation, & celui qu'il marquoit après, pour le vrai nombre qu'il marquoit lorſque le point du limbe étoit bien placé ſous le fil. S'il y avoit eû une différence plus grande que de deux parties, entre ce que marquoit le Micrometre avant l'obſervation de l'Etoile, & ce qu'il marquoit après, ç'auroit été une preuve qu'il ſeroit arrivé quelque mouvement à l'inſtrument, & qu'il n'auroit pas fallu compter ſur cette obſervation.

Les deux Etoiles que nous avons obſervées avec cet inſtrument, paſſoient ſi près du Zénith, que l'une n'étoit pas éloignée de $\frac{1}{2}$ degré du Zénith ſur Kittis, & l'autre ne l'étoit pas de $\frac{1}{4}$ de degré du Zénith à Torneå. Quoique la ſituation de ces Etoiles rendît peu à craindre pour nous les erreurs qui, dans d'autres cas, peuvent être dangereuſes ſi l'on ſe néglige ſur la poſition du Secteur: & quoique nous ſçûſſions que pluſieurs minutes d'erreur dans l'angle de cette poſition, ne pouvoient avoir ſur nos observations d'effet sensible, nous plaçâmes cependant fort exactement notre Secteur dans le plan du Méridien qu'on avoit tracé ; & nous vérifiâmes sa position par l'heure du passage des Etoiles, dont on avoit pris des hauteurs.

I I.

Observations de l'Etoile δ du Dragon, *faites sur Kittis, avec le Secteur, pour déterminer l'amplitude de l'arc du Méridien.*

Le 4 Octobre 1736.

	Révol.	parties, dont 44 font une révolution.
AVANT l'observation du passage de l'Etoile par le Méridien, le fil à plomb ayant été mis sur le point du limbe marqué 2° 37′ 30″ de la division supérieure dont nous nous sommes toûjours servis, le Micrometre marquoit	24	10,7
PENDANT l'observation, c'est-à-dire, au passage de l'Etoile par le Méridien, le Micrometre marquoit	22	30,9
APRÈS l'observation de l'Etoile, le même point 2° 37′ 30″ étant remis sous le fil, le Micrometre marquoit . .	24	12,5
Prenant le milieu entre ce que marquoit le Micrometre avant & après le passage de l'Etoile, on a	24	11,6
D'où ôtant	22	30,9
On a en parties de Micrometre l'arc compris entre le point du limbe marqué 2° 37′ 30″, & celui sur lequel se trouvoit le fil à plomb au passage de l'Etoile	1	24,7

		Révol.	part.
5 Octobre.	AVANT l'observation . .	24	13,3
	PENDANT l'observation.	22	31,4
	APRÈS	24	15,3
		24	14,3
		22	31,4
	Différence	1	26,9
6 Octobre.	AVANT	24	9,8
	PENDANT	22	28,2
	APRÈS	24	9,8
		24	9,8
		22	28,2
	Différence	1	25,6
8 Octobre.	AVANT	18	1,0
	PENDANT	16	16,7
	APRÈS	17	43,0
		18	0
		16	16,7
	Différence	1	27,3
10 Octobre.	AVANT	17	33,0
	PENDANT	16	8,3
	APRÈS	17	33,1
		17	33,0
		16	8,3
	Différence	1	24,7

Ces observations furent faites à la lumiére du jour, sans éclairer les fils du foyer de la lunette.

III.

Observations de la même Etoile faites à Torneå.

1736.

Le fil à plomb sur le point du limbe marqué 1° 37′ 30″ de la division supérieure;

Le Micrometre marquoit,

		Révol.	part.
1 Novembre	AVANT	17	39,5
	PENDANT	19	36,3
	APRÈS	17	40,5
		17	40,0
		19	36,3
	Différence	1	40,3
2 Novembre	AVANT	18	13,1
	PENDANT	20	8,8
	APRÈS	18	12,0
		18	12,5
		20	8,8
	Différence	1	40,3
3 Novembre	AVANT	18	37,0
	PENDANT	20	33,3
	APRÈS	18	35,0
		18	36,0
		20	33,3
	Différence	1	41,3
4 Novembre	AVANT	18	32,2
	PENDANT	20	28,4
	APRÈS	18	31,0
		18	31,6
		20	28,4
	Différence	1	40,8

5 Novembre	AVANT	12 Révol.	24,4 part.
	PENDANT	14	20,5
	APRÈS	12	24,0
		12	24,2
		14	20,5
	Différence	1	40,3

Ces obſervations furent faites à la lumiére du jour, ſans éclairer les fils du foyer de la lunette.

CHAPITRE VI.

Calcul de l'Arc du Méridien obſervé.

Les obſervations ſur Kittis donnent ..	1 Révol.	24,7 part.
	1	26,9
	1	25,6
	1	27,3
	1	24,7
Dont le milieu eſt	1	25,8

Les obſervations de Torneå donnent...	1	40,3
	1	40,3
	1	41,3
	1	40,8
	1	40,3
Dont le milieu eſt	1	40,6

On a donc pour l'arc du limbe, sur lequel tomboit le fil pendant le passage de l'Etoile sur Kittis . . . . 2° 37′ 30″ — 1 Révol. 25, 8 Part.

Et pour l'arc du limbe sur lequel tomboit le fil pendant le passage de la même Etoile à Tornea . . . . 1 37 30 + 1 40,6

La différence de ces deux arcs, donne la différence de la distance de cette Etoile au Zénith de Kittis & de Tornea . . . . 1 0 0 — 3 22,4

Pour réduire les révolutions & les parties du Micrometre en minutes & secondes, il faut sçavoir *(page 120.)* que 15′ = 20R. 23,5P., & l'on a . . . . 3R. 22,4P. = 2′ 33,″8
qui étant retranchées de . . . . . 1° 0′ 0″
donnent l'arc observé de . . . . . 0° 57′ 26,″2

De plus, par la construction du Secteur, la corde de 5° ½ qui est de 10,625 pouces Anglois, est trop petite de 0,002, ou de 3″ 3/7 pour le rayon du Secteur, qui est de 110,75. Ces 3″ 3/7 sur 5° ½ donnent pour 57′ ½ . . . . 0,″65
qu'il faut ôter; & l'on a pour l'arc observé . . . . 57′ 25,″55

SECONDE PARTIE.

Vérifications de tout l'ouvrage.

CHAPITRE PREMIER.

Vérification des angles horisontaux par leur somme dans le contour de l'Heptagone.

Fig. 1.

CTK	24°	22′	54″,5
KCT	37	9	12,0
KCH	100	9	56,8
HCA	30	56	53,4
CAH	112	21	48,6
HAP	53	45	56,7
APH	31	19	55,5
HPN	37	22	2,1
NPQ	87	52	24,3
PQN	40	14	52,7
QNP	51	53	4,3
PNH	93	25	7,5
HNK	27	11	53,3
NKH	9	41	47,7
HKC	43	45	35,6
CKT	118	28	12,0

Somme ...... 900 1 37, qui différe de 1′ 37″ de ce qu'elle devroit être si la surface étoit platte, & s'il n'y avoit aucune erreur dans les observations ; mais qui doit être réellement un peu plus grande que 900°, à cause de la courbûre de la Terre.

CHAPITRE II.

Vérification de la position de l'Heptagone faite à Torneå.

Fig. 4. LE centre du Quart-de-cercle de deux pieds de rayon étant placé dans la ligne qui passoit par la flèche de l'Eglise de Torneå, & le signal de Niwa, on observa l'angle que formoit avec le signal de Niwa, le Soleil dans l'horizon, en marquant le temps par le moyen d'une Pendule qu'on avoit portée sur le lieu le plus élevé de l'Isle Swentzar, & dont on rapporta l'heure plusieurs fois par des signaux à celle d'une Pendule réglée dans la maison où je demeurois.

Temps vrai. *1737 le 24 Mai au soir.*

à $9^h\ 55'\ 16''$... *nCS*... $13°\ 36'\ 26''$ Angle entre le signal de Niwa & le centre du Soleil, conclu par le passage des deux bords par le fil vertical de la Lunette.

Supposant la déclinaison du Soleil de $20°\ 53'\ 29''$ sept. & la latitude du lieu de l'observation 65 51 0, on trouvera . . . *RCS*... $28°\ 55'\ 48''$ Angle du vertical du Soleil, avec la Méridienne, calculé pour l'instant de l'observation;

d'où ôtant . . *nCS*... 13 36 26 observé ci-dessus; on a

RCn, ou *RTn*... 15 19 22 pour l'angle que forme avec la Méridienne, la ligne tirée de la flèche de Torneå au signal de Niwa.

1737 le 25 Mai au matin.

Le centre du Quart-de-cercle placé dans la direction de Kakama & de la flêche de Torneå. Fig. 5.

Temps vrai.

à 2h 3′ 5″...*nCS*...	44° 6′ 34″½	Angle observé entre le signal de Niwa, & le centre du Soleil levant.
nCK...	19 52 34	Angle observé sur le même lieu entre le signal de Niwa, & celui de Kakama.
KCS...	24 14 0½	Angle entre le signal de Kakama, & le Soleil levant.
RCS...	28 32 48	Angle du vertical du Soleil avec la méridienne, calculé pour le moment de l'observation; la déclinaison du Soleil étant de 20° 55′ 22″.
KCR, ou *KTR*...	4 18 47½	Angle que forme avec la Méridienne, la ligne tirée de la flêche de Torneå au signal de Kakama.

1737 le 25 Mai au matin.

Le Quart-de-cercle dans la même situation,

Temps vrai.

à 2h 9′ 38″...*nCS*...	45° 36′ 34″½	
nCK...	19 52 34	
KCS...	25 44 0½	
RCS...	30 2 25	La déclinaison du Soleil étant de 20° 55′ 25″.
KTR...	4 18 24½	Angle que forme avec la Méridienne, la ligne tirée de la flêche de Torneå au signal de Kakama.

Réduisant la position de Niwa, donnée par la premiére

Fig. 4. & 5. observation, à celle de Kakama, par l'angle *n T K*, qui est *(pag. 80.)* de 19° 38′ 17,″8,
on aura *KTR* . . . . 4 18 56 pour la déclinaison de Kakama. Et prenant un milieu entre ce que donnent ces trois observations,

4° 18′ 24″½ }
4 18 47½ } on aura 4° 18′ 42″½ pour la déclinaison orientale de Kakama.
4 18 56 }

Mais par le calcul précédent des Triangles, nous avons trouvé cet angle de	4°	11′	53″
à quoi ajoûtant	0	7	24 que nous
avons trouvé *(pag. 93.)* pour la convergence des Méridiens de Torneå & de Kittis, on aura *KTR*...	4	19	17
Par les trois observations précédentes, cet angle étoit de	4	18	42½
qui ne différe que de	0	0	34½.

Cette différence est trop petite, pour qu'on puisse la regarder comme une véritable déviation de la Méridienne : partant nous n'en avons tenu aucun compte, d'autant plus que la position de la figure, à l'égard de la Méridienne, avoit été concluë sur Kittis, par un plus grand nombre d'observations.

CHAPITRE III.

Vérification de la distance de Torneå à Kittis, par dix nouvelles suites de Triangles.

I.

PAR les Triangles *TnK, nKC, CKH, HCA, AHP, PHN, NPQ.* Fig. 6.

Partant toûjours du côté *AC*, la résolution de ces Triangles donne pour la distance *QM* . . . . 54941 Toises.
Qui différe de la distance concluë *(pag. 91.)* 54942,57.
par nos deux premiéres suites, de . . . . . . 1 ½

II.

Par les Triangles *TnK, KHn, nCH, HCA, APH, HNP, PNQ,* on a *QM* . . . . 54936 Fig. 7.
Qui différe de *QM (pag. 91.)* de . . . . . 6 ½

III.

Par les Triangles *TnK, KnH, HnA, ACH, HAP, PHN, NPQ,* on a *QM* . . . . 54942 ½ Fig. 8.
Qui ne différe pas sensiblement.

IV.

Par les Triangles *TnK, KCH, HnC, CHA, AHP, PHN, NPQ,* on a *QM* . . . . 54943 ½ Fig. 9.
Qui différe de 1

V.

Par les Triangles *TnK. KnC, CnA, ACH, HAP, PHN, NPQ,* on a *QM* . . . . 54925 Fig. 10.
Qui différe de . . . . 17 ½

V I.

Fig. 11. Par les Triangles *TnK, KnH, HAn, nCA, AHP, PHN, NPQ*, on a *QM* . . . . 54915 ½ Toises.
Qui différe de 27

V I I.

Fig. 12. Par les Triangles *TnK, KnC, CAn, nHK, KHN, NHP. PNQ*, on a *QM* 54912
Qui différe de . . . . 30 ½

V I I I.

Fig. 13. Par les Triangles *TnK, KCn, nAC, CKH, HKN, NHP, PNQ*, on a *QM* . . . . 54906 ½
Qui différe de 36

I X.

Fig. 14. Par les Triangles *TnC, CnA, AnH, HAP, PHN, NPQ*, on a *QM* 54910
Qui différe de . . . . 32 ½

X.

Fig. 15. Par les Triangles *TnC, CAn, nCK, KnH, HKN, NHP, PNQ*, on a *QM* 54891
Qui différe de 51½

Quoiqu'il ne ſe trouve pas entre toutes ces ſuites, de différences bien conſidérables, nous n'avons pas cru les devoir faire entrer dans la détermination de la longueur de notre arc, que nous avons faite ſur deux ſuites qui nous ont paru préférables aux autres.

CHAPITRE IV.

Autre vérification de la diſtance de Torneå à Kittis.

QUOIQU'ON puiſſe aſſés voir par les dix ſuites précédentes, qu'il ne s'étoit pas pû gliſſer d'erreur conſidérable dans les obſervations des Triangles de la Méridienne; puiſque toutes ces ſuites, dont pluſieurs employent des Triangles rejettables par la petiteſſe de leurs angles, ne donnent pas de grandes différences entr'elles; voici une autre eſpece de vérification qui ôte toute inquiétude ſur l'erreur des obſervations, quand même on n'auroit obſervé que les angles néceſſaires pour la premiére ſuite. Fig. 16.

Nous ſuppoſons que dans chaque Triangle, il y eût une erreur de 20″ à chacun des deux angles, & de 40″ au troiſiéme: & que ces erreurs euſſent toûjours diminué la longueur de la Méridienne *QM*. La petiteſſe de la différence qu'on a par cette ſuppoſition, fait voir l'avantage que nous avons dans le petit nombre de nos Triangles, & dans la poſition de la baſe à l'égard de ces Triangles.

Voici comment le calcul doit s'entreprendre.

Partant toûjours de la base *B b*, & faisant les angles *B b a*, & *b B a* plus petits de 20″, que *B b A* & *b B A*, on a le côté *a B* au lieu de *A B*. Se servant ensuite de ce côté *a B*, & faisant les angles *B a C*, & *a B c* plus petits de 20″, que *B A C*, & *A B C*, on a le point *c* au lieu du point *C*, & le côté *a c* au lieu de *A C*.

Par *a c*, on a les côtés *a h* & *c h*, au lieu de *A H*, & *C H*, en supposant les angles *c a h*, & *a c h* plus petits de 20″ que les angles *C A H* & *A C H*: & allant ainsi toûjours, en diminuant les Triangles de la Méridienne, on a la figure *q p n h a c k t* au lieu de *Q P N H A C K T*.

Ensuite supposant aussi une erreur de 20″ dans la position de la Méridienne, c'est-à-dire, en supposant que *p q m* soit plus petit de 20″ que *P Q M*; on a, le calcul étant fait en toute rigueur, *q m* plus petit que *Q M* de 54 toises, erreur peu considérable, quoiqu'elle résulte de la supposition la plus étrange de mal-adresse & de malheur.

CHAPITRE V.

CHAPITRE V.

Vérification de l'Amplitude de l'Arc du Méridien.

I.

Observations de l'E'toile α du Dragon, *faites à Torneå, dans le même lieu où l'on avoit observé l'E'toile* δ.

1737.

Le fil à plomb sur le point du limbe marqué 3° 15' est de la division supérieure;

Le Micrometre marquoit,

		Révol.	parts
17 Mars...	AVANT l'observation.	19	32,7
	PENDANT l'observation.	16	42,0
	APRÈS	19	34,0
		19	33,3
		16	42,0
	Différence	2	35,3
18 Mars...	AVANT	22	21,6
	PENDANT	19	30,4
	APRÈS	22	21,9
		22	21,7
		19	30,4
	Différence	2	35,3
19 Mars...	AVANT	21	21,0
	PENDANT	18	32,1
	APRÈS	21	21,3
		21	21,1
		18	32,1
	Différence	2	33,0

II.

Observations de la même Etoile, faites sur Kittis, dans le même lieu où l'on avoit observé l'Etoile δ.

1737.

Le fil à plomb sur le point du limbe marqué 4° 15′ 0″ de la division supérieure;

Le Micrometre marquoit

		Révol.	part.
4 Avril...	AVANT l'observation ..	21	12,0
	PENDANT l'observation.	14	43,0
	APRÈS	21	12,0
		21	12
		14	43
	Différence	6	13,0
5 Avril...	AVANT	21	12,5
	PENDANT	15	0,0
	APRÈS	21	12,2
		21	12,3
		15	0,0
	Différence	6	12,3
6 Avril...	AVANT	21	19,5
	PENDANT	15	7,2
	APRÈS	21	19,7
		21	19,6
		15	7,2
	Différence	6	12,4

Ces observations, tant à Torneå que sur Kittis, furent faites à la lumiére d'un flambeau qui éclairoit par réfléxion, les fils du foyer de la lunette.

CHAPITRE VI.

Calcul de l'Arc du Méridien observé.

	Révol.	part.
Les observations de Torneå donnent...	2	35,3
	2	35,3
	2	33,0
Dont le milieu est	2	34,5

	Révol.	part.
Les observations sur Kittis donnent...	6	13,0
	6	12,3
	6	12,4
Dont le milieu est	6	12,6

				Révol.	part.
On a donc pour l'arc du limbe, sur lequel tomboit le fil pendant le passage de l'Etoile à Torneå	3°	15′	0″ —	2	34,5.
Et pour l'arc du limbe, sur lequel tomboit le fil pendant le passage de la même Etoile sur Kittis	4	15	0 —	6	12,6
La différence de ces deux arcs, donne la différence de la distance de cette Etoile au Zénith de Kittis & de Torneå	1	0	0 —	3	22,1

3 Révol. 22,1 part. = ...	0°	2′	33″,5
qui étant retranchées de	1°	0′	0″
donnent l'arc observé de	0°	57′	26″,5.
Correction pour la petitesse de la corde de 5° ½	0°	0′	0″,65,
on a pour l'arc observé	0°	57′	25″,85.

CHAPITRE VII.

Vérifications du Secteur.

I.

Vérification de l'Arc de $5^{d}\frac{1}{2}$ du Secteur.

LE 4 Mai 1737 à Torneå, nous mesurâmes sur la glace du fleuve, une distance de 380 toises 1 pied 3 pouces 0 ligne : elle fut mesurée deux fois ; & entre la premiére & la seconde mesure, on ne trouva aucune différence. A l'une des extrémités de cette distance, étoit placé le centre du Secteur, qu'on avoit posé horisontalement sur deux gros affuts, dans une chambre qu'on avoit choisi sur le bord du fleuve. A l'autre extrémité étoit un poteau, sur lequel on avoit placé une mire, du centre de laquelle on mesura dans une direction perpendiculaire à la distance qui devoit servir de rayon, une autre distance de 36 toises 3 pieds 6 pouces $6\frac{2}{3}$ lignes, qui devoit servir de tangente, & qui étoit terminée par le centre d'une autre mire attachée sur un second poteau ; ce qui formoit sur la glace, un Secteur d'environ

380 toises de rayon, auquel nous comparions le nôtre.

On avoit tendu un fil d'argent depuis le centre du Secteur, jusqu'à un point d'appui éloigné d'environ 5 ou 6 pouces du limbe: ce point étoit tout-à-fait immobile, ainsi qu'on le vérifioit; & le fil d'argent effleuroit le limbe du Secteur, qu'on faisoit mouvoir horisontalement autour de son centre.

L'angle entre les deux mires pris par cinq Observateurs, fut trouvé plus grand que 5° 30'.

	parties du Micromet.
Par le 1.er de	6,5
Par le 2.d de	8,3
Par le 3.e de	7,0
Par le 4.e de	7,9
Par le 5.e de	6,8

Donc par un milieu, de 7,3 P, ou de 7,"3

Or, selon la construction du Secteur, *(page 104.)* l'arc dont nous nous sommes servis, est trop petit de 3" ¾:

il est de	5°	29'	56",25
En retranchant encore	0°	0'	7",3
L'angle observé, est de	5°	29'	48",95
Et l'angle calculé, est de	5°	29'	50",00

D'où l'on voit quelle est la justesse de cet instrument; & à quel degré de précision, on peut observer avec. Cette différence de 1″ sur l'arc de $5^{\circ}\frac{1}{2}$, ne mérite pas qu'on y fasse attention, & peut venir de l'erreur de l'observation.

I I.

Vérification des deux degrés du limbe, dont on s'est servi pour déterminer l'amplitude de l'arc du Méridien.

Le Secteur toûjours posé horisontalement sur ses affûts, on avoit tendu deux fils partants du centre, & qui faisant entr'eux un angle fort approchant de 1°, effleuroient le limbe, & étoient fixés sur deux chevallets immobiles. On avoit placé au-dessus de chacun de ces fils, un Microscope, dont le foyer étoit éclairé par la lumiére d'une bougie, réünie par une lentille: & lorsque le Micrometre faisoit mouvoir la lunette, les points du limbe se trouvoient tous successivement aux foyers des Microscopes.

On comparoit ainsi avec l'intervalle fixe que les fils laissoient entr'eux, les deux degrés dont on s'étoit servi pour les deux Etoiles, en faisant passer ces deux degrés l'un aprés l'autre ſous ces fils : & l'obſervation faite par cinq obſervateurs, on trouvoit l'arc compris entre les points marqués 1° 37′ 30″, & 2° 37′ 30″, plus grand que l'arc compris entre les points 3° 15′ 0″, & 4° 15′ 0″.

Le 1.er obſervateur de . .	0″,6	0″,95
Le 2.d de	0,7	
Le 3.e de	0,8	
Le 4.e de	0,85	
Le 5.e de	1,8	

Donc par un milieu, l'arc ſur lequel on avoit obſervé l'amplitude par l'Etoile ♌, étoit plus long que celui ſur lequel on avoit obſervé l'amplitude par l'Etoile α, de 0″,95.

Il faut remarquer ici, qu'on peut tout autrement compter ſur cette petite différence obſervée entre les deux degrés du limbe, que ſur celle de l'article précédent ; parce que celle-là dépendoit de l'obſervation du point ſous le fil, & de l'obſervation de l'objet dans la lunette ; au lieu que celle-ci ne dépend que de l'obſervation du point ſous le fil, qui, par le moyen des Microſcopes bien éclairés, ſe peut faire avec la derniére juſteſſe.

III.

Vérification de la division du Secteur.

On examina de la même maniére, chaque intervalle du limbe, de 15′ en 15′, dans la division supérieure; & voici la Table de ce qu'on trouva, qui fera connoître l'exactitude de la division de cet instrument, & de son Micrometre.

		Suivant nous.		Suivant M. Graham.
		Revol.	parties.	parties.
De 0° 15′ à 0° 30′	...	20	23,2	22,75
0 30 à 0 45	....		22,2	22,25
0 45 à 1 00	....		23,7	23,5
1 00 à 1 15	....		23.4	23,75
1 15 à 1 30	....		24,3	24,5
1 30 à 1 45	....		23,2	23,5
1 45 à 2 00	....		23,8	24,5
2 00 à 2 15	....		23,4	23,875
2 15 à 2 30	....		23,1	23,5
2 30 à 2 45	....		23,6	24.125
2 45 à 3 00	....		23,3	23,5
3 00 à 3 15	....		24,3	24,375
3 15 à 3 30	....		24,0	24,0
3 30 à 3 45	....		23,1	23,25
3 45 à 4 00	....		24,0	24,125
4 00 à 4 15	....		23,4	24,125
4 15 à 4 30	....		22,9	23,75
4 30 à 4 45	....		23,3	23,5
4 45 à 5 00	....		22,9	22,75
5 00 à 5 15	....		23,6	24,25
5 15 à 5 30	....		23,0	23,625
5 30 à 5 45	....		22,1	22,5
Le milieu donne 15 =		20R.	23,3P. ...	23,61P.

CHAPITRE VIII.

Détermination du degré du Méridien, qui coupe le cercle Polaire.

I.

Détermination de l'amplitude de l'arc du Méridien, terminé par les cercles paralleles, qui passent par Kittis & Torneå.

ON a trouvé *(page 104.)* pour l'amplitude de l'arc du Méridien, déterminée par l'Etoile δ, l'arc observé. . . 57′ 25″,55

Et pour l'amplitude du même arc, déterminée par l'Etoile α, *(page 115.)* l'arc observé . . . . 57′ 25″,85

Pour avoir les véritables amplitudes que donnent l'une & l'autre de ces Etoiles, il faut faire à ces arcs différentes corrections.

POUR L'ETOILE δ.

Par la Précession des Equinoxes, depuis le 6 Octobre jusqu'au 3 Novembre, qu'on prend pour l'intervalle entre les observations de l'Etoile δ *du Dragon*, cette Etoile s'étoit approchée du Pole, de 0″,48 : & comme elle

étoit vûë au Nord sur Kittis, il faut retrancher de l'arc observé *(page 104.)* 57' 25",55
cette quantité . . . . . . 0' 0",48

Et l'on a *l'amplitude corrigée pour la Précession* . . . . . 57' 25",07

Par l'Aberration de la lumiére, cette Etoile pendant le même temps, s'étoit éloignée du Pole, de . . . . 0 1,83 qu'il faut ajoûter.

Et l'on a *l'amplitude par δ, corrigée pour la Précession & l'Aberration* . . . . 57' 26",9

Pour l'Etoile α.

Par la Précession des Equinoxes, depuis le 18 Mars jusqu'au 5 Avril, qui est l'intervalle entre les observations de l'Etoile *α du Dragon*, cette Etoile s'étoit éloignée du Pole de 0",85. Et comme elle étoit vûë au Midi à Torneå, il faut retrancher de l'arc observé *(page 115.)* . . . 57' 25",85
cette quantité . . . . . . 0' 0",85

Et l'on a *l'amplitude corrigée pour la Précession* . . . . 57' 25",00

Par l'Aberration de la lumiére, cette Etoile pendant le même temps, s'étoit approchée du Pole, de . . 0′ 5″,35 qu'il faut ajoûter.

Et l'on a *l'amplitude par α, corrigée pour la Précession & l'Aberration* . . . . 57′ 30″,35

I I.

Détermination plus exacte de l'amplitude de l'arc du Méridien, terminé par les cercles paralleles qui passent par Kittis & Torneå.

M. Bradley ayant bien voulu me faire part de ses derniéres découvertes, sur les mouvements des Etoiles; & me communiquer la correction nécessaire aux deux arcs observés par les deux Etoiles δ & α, tant pour la Précession des Equinoxes, que pour l'Aberration de la lumiére, & pour un troisiéme mouvement, dont nous avons parlé *(page 44.)* Nous employerons pour avoir une plus grande exactitude, les corrections telles qu'il nous les a envoyées, quoiqu'elles ne different pas sensiblement de celles que nous venons de faire. Il faudra à

l'arc observé par δ, *(p. 104.)* 57′ 25″,55
ajoûter . . . . 0′ 1″,38

Et l'on aura *l'amplitude par* δ, *corrigée pour tous les mouvements* . . . . 57′ 26″,93

Il faudra à l'arc observé par α, *(page 115.)* . . . . 57′ 25″,85
ajoûter . . . . 0′ 4″,57

Et l'on aura *l'amplitude par* α, *corrigée pour tous les mouvements.* . . . . 57′ 30″,42

Quoique la différence qui se trouve ici entre ces deux amplitudes, ne soit que de 3″,49, on voit *(page 119.)* qu'elle n'est réellement que de 2″,54: & elle n'iroit pas à 2″, si l'on ne faisoit usage que des observations les plus parfaites; que de celles où le Micrometre, après le passage de l'Etoile, lorsqu'on remettoit le point sous le fil, marquoit à 1″ ou moins, près, ce qu'il avoit marqué auparavant. Cette différence est si petite, qu'on ne peut pas douter que les deux opérations ne soient fort justes.

Nous ne faisons ici aucune correction

pour la Réfraction; parce que s'il y en a encore à de si petites distances du Zénith, elle n'y sçauroit être bien connuë; & que sûrement elle ne produit pas ici d'effet sensible.

III.

Détermination du Degré du Méridien, qui coupe le Cercle Polaire.

Nous prendrons donc pour la vraye amplitude de l'arc du Méridien, compris entre les paralleles qui passent par Kittis & Torneå 57′ 28″,67, qui est l'amplitude moyenne entre les deux précédentes. Et comparant cette amplitude avec la longueur de l'arc *q μ*, qui *(page 93.)* est de 55023,47 toises, on trouvera que *la longueur du degré du Méridien qui coupe le Cercle Polaire, est de 57437,9 toises.* Fig. 2.

IV.

Remarque sur le degré mesuré par M. Picard.

Ce degré, comme on voit, est plus long de 377,9 toises, que celui qu'on prend communément pour le degré moyen de la France, que M. Picard a déterminé de 57060 toises.

Mais si l'on fait au degré de M. Picard, la correction nécessaire pour l'Aberration de l'Etoile δ *du Genouil de Cassiopée*, par laquelle il détermina son amplitude, on verra que prenant le 15 Septembre & le 15 Octobre pour les milieux des temps de ses observations, il faut ajoûter $8\frac{1}{2}''$ à l'amplitude de l'arc de Malvoisine à Amiens: y ajoûtant encore $1\frac{1}{2}''$ pour la Précession des Equinoxes, & $1\frac{1}{2}''$ pour la réfraction, corrections qu'il n'avoit point faites; cette amplitude sera $1° 23' 6\frac{1}{2}''$: & comparée à la longueur de l'arc 78850 toises, elle donne le degré vers Paris, de 56925,7 toises, plus court que le nôtre, de 512,2 toises.

Enfin, si l'on refusoit d'admettre la Théorie de M. Bradley, & qu'on n'attribuât aux Etoiles que le changement en déclinaison, causé par la Précession des Equinoxes, l'amplitude de notre arc seroit par l'Etoile δ, *(page 122.)* 57′ 25″,07; & par l'Etoile α, *(p. 122.)* 57′ 25″,00. D'où l'on trouveroit notre degré encore plus long qu'on ne le trouve en suivant la Théorie de M. Bradley.

V.

CONCLUSION.

Le degré du Méridien qui coupe le Cercle Polaire, ſurpaſſant le degré du Méridien en France, la Terre eſt un Sphéroïde applati vers les Poles.

CHAPITRE IX.

Manière de trouver la Figure de la Terre, par la Meſure de deux Degrés du Méridien.

LORSQU'ON connoît la longueur de deux différents degrés du Méridien, meſurés dans des lieux dont on connoît la latitude, la figure de la Terre eſt déterminée: voici la ſolution de ce Probleme, & une formule pour trouver le rapport de l'axe de la Terre au diametre de l'Equateur.

PROBLEME.

La longueur & la latitude de deux Degrés du Méridien, étant données, trouver la Figure de la Terre!

Conſidérant la Terre comme un Ellipſoïde, parce qu'elle n'en différe que très-peu;

Fig. 17. soit l'Ellipse PAp, qui représente le Méridien; dans laquelle l'axe est Pp, & le diametre de l'Equateur Aa. Soient deux degrés de cette Ellipse, ou deux petits arcs d'une même amplitude Ee, Ff. Les perpendiculaires à l'Ellipse qui les terminent, concourent aux points G & H, faisant les angles G & H égaux. Et les latitudes où se trouvent ces deux degrés sont données par les angles EKA, FLA.

Soit le rapport de CP à CA, celui de m à 1; $CM = x$, $EM = y$; le sinus de l'angle EKA, c'est-à-dire, le sinus de latitude du point $E = ʃ$, pour le rayon $= 1$; le sinus de l'angle FLA, ou le sinus de latitude du point $F = s$, pour le même rayon. Enfin, soient les arcs $Ee = E$, & $Ff = F$.

On a par la propriété de l'Ellipse $y = m\sqrt{(1 - xx)}$; $EK = m\sqrt{(1 - xx + mmxx)}$; & le rayon de la développée $EG = \frac{1}{m}(1 - xx + mmxx)^{\frac{3}{2}}$. Et FL & FH, ont les mêmes expressions pour l'x qui leur convient. Puisque $ʃ$ est le sinus de l'angle EKA pour le rayon 1, on a $1 : ʃ :: m\sqrt{(1 - xx + mmxx)} : m\sqrt{(1 - xx)}$.

Ou

Ou $xx = \frac{1-ss}{1-ss+mmss}$. Et mettant cette valeur de xx dans l'expreſſion de EG & FH, on a $EG = \frac{mm}{(1-ss+mmss)^{\frac{3}{2}}}$, & $FH = \frac{mm}{(1-ss+mmss)^{\frac{3}{2}}}$. Et puiſque les arcs Ee, & Ff, ont la même amplitude, c'eſt-à-dire, que les angles G & H ſont égaux, on a $E : F :: \frac{mm}{(1-ss+mmss)^{\frac{3}{2}}} : \frac{mm}{(1-ss+mmss)^{\frac{3}{2}}}$; ou $E \times [1+(mm-1)ss]^{\frac{3}{2}} = F \times [1+(mm-1)ss]^{\frac{3}{2}}$, ou réduiſant en ſuites, $E \times [1+\frac{3}{2}(mm-1)ss+\frac{3}{8}(mm-1)^2 s^4 + \&c.] = F \times [1+\frac{3}{2}(mm-1)ss+\frac{3}{8}(mm-1)^2 s^4 + \&c.]$ Fig. 17.

Mais comme l'Ellipſoïde de la Terre ne différe pas beaucoup du Globe, la quantité $mm-1$ eſt fort petite, & l'on peut négliger les termes où ſe trouvent ſon quarré & ſes puiſſances ultérieures. Et l'on a $E \times [1+\frac{3}{2}(mm-1)ss] = F \times [1+\frac{3}{2}(mm-1)ss]$ ou $2E + 3(mm-1)Ess = 2F +$

Fig. 17. $3(mm-1)Fss$; ou $1-mm = \frac{2(E-F)}{3(Eff-Fss)}$, ou prenant D, pour la différence entre le demi-axe & le rayon de l'Equateur, on a $D = \frac{E-F}{3(Eff-Fss)}$, ou $D = \frac{E-F}{3E(ff-ss)}$. D'où l'on peut facilement déterminer l'espéce de l'Ellipsoïde, & construire une table des différentes longueurs du degré pour chaque latitude.

Coroll. Si l'un des degrés qu'on compare, est pris à l'Equateur, la formule précédente devient $D = \frac{E-F}{3Eff}$: & si l'autre degré est pris au Pole, la formule devient $D = \frac{E-F}{3E}$; D'où l'on voit que le rayon de l'Equateur est au triple du dernier degré de latitude; comme la différence entre le diametre de l'Equateur & l'axe, est à la différence entre le premier & le dernier degré de latitude.

OBSERVATIONS FAITES AU CERCLE POLAIRE.

LIVRE SECOND.

Observations Astronomiques, pour déterminer la hauteur du Pole à Torneå, la Réfraction & la Longitude.

CHAPITRE PREMIER.

*Observations d'*Arcturus *& de l'*Etoile Polaire, *à Torneå & à Paris.*

I.

*Observations d'*Arcturus *& de l'*Etoile Polaire *à Torneå.*

ON a observé à Torneå & à Paris, la distance au Zénith de l'*Etoile Polaire* & d'*Arcturus*, dont on avoit dessein de se servir pour déterminer si la réfraction à la hauteur de ces Etoiles différoit sensiblement à Torneå de ce qu'elle est à Paris, comme on avoit lieu de le croire, par l'observation de Bilberg à Torneå, & des Hollandois à la nouvelle Zemble.

On avoit choisi ces deux Etoiles, parce que l'arc du Méridien, terminé par leurs paralleles, se trouvoit à Torneå à peu-près à la même hauteur qu'à Paris; avec cette différence, que c'étoit dans une disposition opposée. Partant, si la réfraction étoit plus grande à Torneå, cet arc devoit y être plus court qu'à Paris.

Mais par les observations, cet arc s'est trouvé de la même longueur à Paris & à Torneå, à quelques petites différences près, qui donneroient au contraire la réfraction plus petite à Torneå, mais que nous n'attribuons qu'aux erreurs des observations, & qui sont trop peu considérables, pour devoir en juger la réfraction inégale à cette hauteur.

Voici les observations de ces deux Etoiles, faites à Torneå avec un Quart-de-cercle de 3 pieds de rayon, & à Paris avec un Quart-de-cercle de $2\frac{1}{2}$ pieds; l'un & l'autre bien vérifié par le renversement.

*Distance de l'*Etoile Polaire *au Zénith de Torneå,*

Observée en Novembre & Décembre 1736.				*Réduite pour 1737.*		
27 Novembre	22°	2′	51″	22°	3′	11″
29 Novembre	22	2	40	22	3	0
1 Décembre	22	2	43	22	3	3

Donc par un milieu entre ces observations, la distance de l'*Etoile Polaire* au Zénith de Torneå, étoit au commencement de Décembre 1737 . . . . 22 3 5

*Distance d'*Arcturus *au Zénith de Torneå.*

26 Novembre 1737.	45°	15′	49″	45°	16′	6″
1 Décembre	45	16	4	45	16	21
[illegible] Décembre	45	15	43	45	16	0
9 Décembre	45	15	52½	45	16	9½

Donc par un milieu entre ces observations, la distance d'*Arcturus* au Zénith de Torneå, étoit au commencement de Décembre 1737 . . . . 45 16 9

qui, ajoûtée à la distance du Zénith de l'Etoile Polaire 22 3 5

donne pour l'arc du Méridien terminé par les paralleles de ces deux Etoiles, observé à Torneå 67 19 14

II.

Observations des mêmes Etoiles à Paris.

*Distance de l'*Etoile Polaire *au Zénith de Paris,*

Observée en Novembre & Décembre 1737.

8 Novembre	39° 2′ 19″½
9 Novembre	39 2 22
5 Décembre	39 2 30
8 Décembre	39 2 33
14 Décembre	39 2 34
Donc par un milieu entre ces observations, la distance de l'*Etoile Polaire* au Zénith de Paris, étoit au commencement de Décembre 1737	39 2 28

*Distance d'*Arcturus *au Zénith de Paris.*

29 Octobre 1737	28° 16′ 30″
8 Novembre.	28 16 32
16 Décembre.	28 16 44
24 Décembre.	28 16 43
Donc par un milieu entre ces observations, la distance d'*Arcturus* au Zénith de Paris, étoit au commencement de Décembre 1737	28 16 37
qui, ajoûtée à la distance au Zénith de l'Etoile Polaire	39 2 28
donne pour l'arc du Méridien terminé par les paralleles de ces deux Etoiles, observé à Paris	67 19 5

III.

*La même opération faite sur l'*Etoile Polaire*, dans la partie inférieure de son cercle, comparée avec* Arcturus.

*Distances de l'*Etoile Polaire *au Zénith de Torneå,*

Observées en Novembre & Décembre 1736.		*Réduites pour 1737.*
26 Novembre	26° 14′ 37″	26° 14′ 17″
27 Novembre	26 14 37	26 14 17
1 Décembre	26 14 36	26 14 16

Donc par un milieu entre ces observations, la distance de l'*Etoile Polaire* au Zénith de Torneå, étoit au commencement de Décembre 1737. . . . . 26 14 17

La distance d'*Arcturus (page 133.)*. . . . 45 16 9

Donc l'arc du Méridien terminé par les paralleles de ces deux Etoiles, observé à Torneå 71 30 26

IV.

*Distances de l'*Etoile Polaire *au Zénith de Paris,*

Observées en Novembre & Décembre 1737.

2 Décembre	43° 13′ 42″.
3 Décembre	43 13 41.
9 Décembre	43 13 42
14 Décembre	43 13 47
19 Décembre	43 13 45.

Donc par un milieu entre ces observations, la distance de l'*Etoile Polaire* au Zénith de Paris, étoit au commencement de Décembre 1737 . . . . 43 13 43

La distance d'*Arcturus (page 134.)*. . . . 28 16 37.

Donc l'arc du Méridien terminé par les paralleles de ces deux Etoiles, observé à Paris 71 30 20

V.

On voit par ces obſervations, qu'à la hauteur de ces Etoiles, la réfraction ne différe pas ſenſiblement à Torneå, de ce qu'elle eſt à Paris.

Mais indépendamment de ces obſervations, nous pouvons chercher d'abord la hauteur du Pole à Torneå, en ſuppoſant cette réfraction la même; parce qu'à la hauteur où l'on y voit l'*Etoile Polaire*, cette ſuppoſition ne peut pas cauſer d'erreur conſidérable. L'on peut enſuite ſe ſervir de la hauteur du Pole ainſi déterminée, pour conclurre les réfractions horiſontales; & ſi l'on trouve que les réfractions horiſontales ne différent pas ſenſiblement de ce qu'elles ſont à Paris, on peut enſuite, avec aſſés de ſûreté, ſe ſervir de la même table de réfraction, pour les plus grandes hauteurs à Torneå.

CHAPITRE II.

Hauteur du Pole à Torneå.

I.

Hauteur du Pole, concluë par les obſervations faites avec le Quart-de-cercle de 3 pieds de rayon.

AU commencement de Décembre 1736, la plus petite diſtance au Zénith de l'*Etoile Polaire*, étoit à Torneå, *(p.133.)* 22° 2' 45"

la plus grande, *(page 135.)*	26	14	37
Somme de ces diſtances . .	48	17	22
dont la moitié	24	8	41
eſt la diſtance du Zénith de Torneå au Pole, dont le complément	65	51	19
ſera la hauteur apparente du Pole: dont ôtant pour la réfraction moyenne, entre celles que M. Caſſini & M. de la Hire, déterminent à Paris,	0	0	29
Reſte la hauteur du Pole à Torneå	65	50	50

pour le lieu qui eſt à l'extrémité méridionale de l'arc que nous avons meſuré.

II.

Hauteur du Pole, concluë par les observations faites dans le même lieu avec un Quart-de-cercle de 2 pieds de rayon.

Distance la plus grande de l'Etoile Polaire au Zénith.		*Distance la plus petite de l'Etoile Polaire au Zénith.*	
A Torneå 1737.			
6 Janvier . . .	26° 14′ 21″	9 Janvier . . .	22° 3′ 2″
7 Janvier . . .	26 14 24	12 Janvier . . .	22 2 57
		18 Janvier . . .	22 2 54
		19 Janvier . . .	22 3 0
Jour auquel le Quart-de-cercle fut vérifié par le renversement.		22 Janvier . . .	22 2 57
Milieu	26 14 22½	. . . .	22 2 58

Somme de ces distances	48 17 20
dont la moitié	24 8 40
est la distance du Zénith de Torneå au Pole; dont le complément	65 51 20
sera la hauteur apparente du Pole; dont ôtant pour la réfraction	0 0 29
Reste la hauteur du Pole à Torneå	65 50 51

III.

Remarque.

Quoique ces hauteurs du Pole, des *pages 137 & 138*, s'accordent parfaitement ensemble, il se trouve cependant une différence de 14″, dans la distance de l'*Etoile Polaire* au Pole, concluë par les observations de ces deux pages; ce qui feroit soupçonner qu'il s'eſt fait dans ces obſervations quelque compenſation; cependant on peut attribuer une partie de cette différence au mouvement de l'Etoile pendant le temps écoulé entre les obſervations, tant pour la Préceſſion des Equinoxes, que pour l'Aberration.

Nous prendrons donc pour la hauteur du Pole à Torneå . . . . . . 65° 50′ 50″ plus grande de 8′ que celle que Bilberg avoit concluë de ſes obſervations, & plus grande de 11′ que celle qu'il devoit conclurre, s'il avoit employé l'obliquité de l'Ecliptique, la Parallaxe, & la Réfraction convenables.

Et puiſque ſes obſervations lui avoient donné une hauteur du Pole, ſi différente de la vraye, on ne doit pas être ſurpris qu'il ait commis des erreurs encore plus grandes ſur la réfraction, qu'on avoit crû juſqu'ici preſque double à Torneå, de ce qu'elle eſt en France.

L'amplitude de l'arc du Méridien que nous avons meſuré entre Torneå & Kittis, étant *(page 125.)* de . . 0° 57′ 28″,7
on aura pour la hauteur du
Pole ſur Kittis . . . . . 66° 48′ 18″,7
que nous prendrons pour 66° 48′ 20″.

CHAPITRE III.

Hauteurs Méridiennes du Soleil.

I.

Hauteurs Méridiennes du bord supérieur du Soleil, observées à Torneå à l'extrémité de notre Méridienne, avec le Quart-de-cercle de 3 pieds, en 1736.

ON avoit placé dans un petit observatoire, bâti sur le fleuve, l'instrument dont on s'étoit servi sur Kittis, pour déterminer la position de nos Triangles avec la Méridienne (*page 83.*) la lunette de cet instrument se mouvoit autour de son axe, dans le plan du Méridien dont on s'étoit assuré, & dans lequel on la rétablissoit, lorsqu'il lui étoit arrivé quelque dérangement, par le moyen d'un objet placé dans la Méridienne, à la distance d'environ une demi-lieuë. C'étoit au moment du passage du Soleil par le centre de cette lunette, qu'on prenoit la hauteur.

26 Novembre 1736. . .	3°	35′	23″
27 Novembre	3	24	30
1 Décembre	2	45	42
3 Décembre	2	31	0
8 Décembre	1	56	51

I I.

Hauteurs Méridiennes du bord ſupérieur du Soleil, obſervées dans le même lieu avec le Quart-de-cercle de 2 pieds, en 1737.

5 Janvier 1737	2°	9′	32″
7 Janvier	2	24	33
9 Janvier	2	37	26
12 Janvier	3	4	26
13 Janvier	3	15	23
19 Janvier	3	21	29

Le 22, on vérifia le Quart-de-cercle par le renverſement; & puis on s'en ſervit pour prendre des angles horiſontaux.

I I I.

Hauteurs Méridiennes du bord ſupérieur du Soleil à l'Equinoxe de Mars.

On vérifia de nouveau le Quart-de-cercle de 3 pieds, & on obſerva les hauteurs méridiennes ſuivantes du bord ſupérieur du Soleil.

15 Mars 1737	22°	26′	16″
16 Mars	22	50	12
17 Mars	23	13	50
18 Mars	23	37	9
21 Mars	24	47	11
22 Mars	24	11	35

CHAPITRE IV.

Détermination des Réfractions.

I.

Nous partons maintenant de la hauteur du Pole, trouvée *(page 139.)* pour déterminer les réfractions.

La détermination des réfractions par les hauteurs Méridiennes du Soleil, suppose *la hauteur de l'Equateur, l'obliquité de l'Ecliptique, le lieu du Soleil, & sa Parallaxe.*

Nous employerons ici, la
hauteur de l'Equateur . . . 24° 9′ 10″;
l'obliquité de l'Ecliptique . 23 28 20;
la Parallaxe de M. Cassini ; & le lieu du Soleil, selon les tables de M. de Louville, qu'on a réduites au Méridien de Torneå, en supposant la différence en longitude de 1^h 23′ à l'Orient, que nous connoissons, à quelques minutes près, qui ne peuvent causer d'erreur sensible ici; parce que la déclinaison du Soleil change fort peu d'un jour à l'autre, au temps des observations que nous allons calculer.

I I.

Le 1.er Décembre 1736, à midi.

La déclinaison Méridionale du Soleil à Torneå	21° 55′ 21″
La hauteur de l'Equateur	24 9 10
Donc la hauteur du centre du Soleil	2 13 49
La Parallaxe soustractive	0 0 10
La vraye hauteur du centre du Soleil à Torneå	2 13 39
Le demi-diametre du Soleil à ajoûter	0 16 19
La hauteur vraye du bord supérieur du Soleil	2 29 58
La hauteur du même bord a été observée	2 45 42
Donc la réfraction à la hauteur apparente de 2° 46′	0 15 44

I I I.

Le 3 Décembre 1736, à midi.

La déclinaison Méridionale du Soleil à Torneå	22° 12′ 46″
La hauteur de l'Equateur	24 9 10
La hauteur du centre du Soleil	1 56 24
La Parallaxe soustractive	0 0 10
La vraye hauteur du centre du Soleil à Torneå	1 56 14
Le demi-diametre du Soleil	0 16 20
La hauteur vraye du bord superieur du Soleil	2 12 34
La hauteur du même bord a été observée	2 31 0
Donc la réfraction à la hauteur de 2° 31′	0 18 26

I V.

Le 8 Décembre 1736, à midi.

La déclinaison Méridionale du Soleil à Torneå	22°	48′	33″
La hauteur de l'Equateur	24	9	10
La hauteur du centre du Soleil	1	20	37
La Parallaxe soustractive	0	0	10
La vraye hauteur du centre du Soleil à Torneå	1	20	27
Le demi-diametre.	0	16	21
La hauteur vraye du bord supérieur du Soleil à Torneå	1	36	48
La hauteur du même bord a été observée	1	56	51
Donc la réfraction à la hauteur du 1° 57′	0	20	3

V.

Le 5 Janvier 1737, à midi.

La déclinaison Méridionale du Soleil à Torneå	22°	35′	53″
La hauteur de l'Equateur	24	9	10
La hauteur du centre du Soleil	1	33	17
La Parallaxe soustractive	0	0	10
La vraye hauteur du centre du Soleil à Torneå	1	33	7
Le demi-diametre à ajoûter	0	16	22
La hauteur vraye du bord supérieur du Soleil à Torneå	1	49	29
La hauteur du même bord a été observée	2	9	32
Donc la réfraction à la hauteur de 2° 9′½	0	20	3

V I.

V I.

Nous avons choisi ici les moindres hauteurs du Soleil, pour calculer les réfractions, & les comparer avec celles qu'ont données pour les mêmes hauteurs à Paris M.rs Cassini & de la Hire : celles de Torneå ne s'en écartent pas assés considérablement, pour que nous puissions conclurre qu'il y ait de l'inégalité entre les réfractions à Paris & à Torneå.

Et si les réfractions sont plus petites vers l'Equateur qu'à Paris, & y ont une différence considérable, il faut croire que de Paris au Cercle Polaire, cette différence n'est pas sensible, quoiqu'on ait cru jusqu'ici que les réfractions à Torneå étoient doubles de ce qu'elles sont à Paris.

CHAPITRE V.

Détermination des Réfractions sur Kittis, par Venus inocciduë.

I.

Nous avons encore sur cette matiére quelques observations d'une espece singuliére sur la Planete de *Venus*, qui parut

K

continuellement sur notre horison pendant deux mois : nous l'observâmes d'abord sur Kittis avec le Quart-de-cercle de 3 pieds, qu'on avoit bien vérifié.

Hauteurs Méridiennes de Venus sur Kittis.

AU NORD.				*Corrigées par la Parallaxe.*		
Le 5 Avril 1737, au matin.	0°	58′	6″....	0°	58′	21″
6	1	11	44.....	1	11	59
7	1	25	5.....	1	25	20

AU MIDI.				*Corrigées par la Réfraction moins la Parallaxe.*		
Le 6 Avril 1737, au soir.	47	17	54....	47	17	3
7	47	32	45....	47	31	54
Mouvement diurne en déclinaison ...					14	51

Nous avons corrigé les hauteurs de Venus observées du côté du Midi, par la Réfraction & la Parallaxe, & l'on a pris 15″ pour la Parallaxe horisontale de Venus, à la distance où elle étoit alors de la Terre.

I I.

Calcul de la Réfraction sur Kittis, par les observations de Venus.

Hauteur du Pole sur Kittis (*pag. 139.*) .	66°	48′	20″
Hauteur de l'Equateur	23	11	40
Hauteur Méridienne de Venus, le 6 Avril au soir	47	17	3
Déclinaison de Venus septentrionale ..	24	5	23
Distance de Venus au Pole, le 6 Avril au soir	65	54	37

Hauteur Méridienne de Venus, le 7 Avril au soir	47°	31′	54″
Déclinaison de Venus, septentrionale . .	24	20	14
Distance de Venus au Pole, le 7 Avril au soir	65	39	46
Donc la distance de Venus au Pole, lorsqu'elle passa au Méridien du côté du Nord, le 7 Avril au matin	65	47	11½
Et par conséquent sa hauteur vraye . . .	1	1	8½
La hauteur Méridienne de Venus observée, & corrigée par la Parallaxe, le 7 Avril au matin.	1	25	20
Donc la Réfraction à la hauteur de 1° 25′ . .		24	11½

CHAPITRE VI.

Détermination des Réfractions à Torneå, par Venus inocciduë.

I.

Nous continuâmes à Torneå les observations de cette Planete, & on y vérifia pour cet effet le Quart-de-cercle de 2 pieds.

Hauteurs Méridiennes de Venus.

AU MIDI.				*Corrigées par la Réfraction moins la Parallaxe.*		
Le 28 Avril 1737, au soir.	51°	36′	3″......	51°	35′	20″
Le 29 Avril	51	38	50......	51	38	7
Le 30 Avril	51	41	47......	51	41	4

AU NORD.				*Corrigées par la Parallaxe.*		
Le 30 Avril	3	34	58......	3	35	14
Le 1 May	3	38	5......	3	38	21

II.

Calcul de la Réfraction à Torneå, par les observations de Venus.

Hauteur de l'Equateur à Torneå	24°	9′	10″
Hauteur Méridienne de ♀ le 28 Avril .	51	35	20
Déclinaison de Venus, septentrionale .	27	26	10
Distance de ♀ au Pole, le 28 Avril . . .	62	33	50
Hauteur Méridienne de ♀ le 29 Avril .	51	38	7
Déclinaison septentrionale de Venus . .	27	28	57
Distance de Venus au Pole	62	31	3
Mouvement diurne en déclinaison, du 28 au 29 Avril	0	2	47
Hauteur Méridienne de ♀ le 30 Avril .	51	41	4
Déclinaison septentrionale de Venus . .	27	31	54
Distance de Venus au Pole	62	28	6
Mouvement diurne en déclinaison, du 29 au 30 Avril	0	2	57
Le milieu de ces mouvements diurnes . .	0	2	52
Dont la moitié pour douze heures . . .	0	1	26
Distance de Venus au Pole, du 30 Avril au soir	62	28	6
Donc la distance de Venus au Pole, lorsqu'elle passa au Méridien,			
le 30 Avril, au matin	62	29	32
le 1.er May, au matin	62	26	40
Et par conséquent sa hauteur vraye, { le 30 Avril, au matin..	3	21	18
{ le 1.er May, au matin..	3	24	10
Hauteurs Méridiennes de Venus, observées & corrigées par la Parall. { le 30 Avril, au matin..	3	35	14
{ le 1.er May, au matin..	3	38	21
Donc la Réfraction à la haut. de { 3° 35′..	0	13	56
{ 3 38′..	0	14	11

CHAPITRE VII.

Sur la Longitude de Torneå.

I.

NOus n'avons pû faire d'obſervations des Satellites de Jupiter; parce que cette Planete, dans les temps où nous l'aurions pû obſerver, ne s'élevoit point aſſés ſur notre horiſon, & étoit toûjours plongée dans les vapeurs.

Nous avons donc cherché à déterminer cette longitude par d'autres obſervations que nous allons donner ici, & par leſquelles on la pourra conclurre, lorſqu'on aura les obſervations correſpondantes, faites dans quelque autre pays dont la longitude ſoit connuë.

E'clipſes d'E'toiles Fixes, par la Lune.

le 12 Décembre 1736, au ſoir.

Temps de la Pendule.

11h	15'	4"	*Aldebaran*	Paſſages obſervés à la lunette mobile ſur ſon axe, dans le plan du Méridien.
11	56	2	*Rigel....*	
11	46	12½	Occultation de l'Etoile μ, dans le Lien des Poiſſons.	

Donc 11 29 58 de temps vrai.

Comme on voyoit rarement le Soleil,

qui n'étoit pas élevé d'un degré sur l'horison à midi, on a conclu l'heure par son ascension droite, comparée à celle des Etoiles *Aldebaran* & *Rigel*.

Le 12 Janvier 1737, au soir.

Temps vrai.

6^h	4'	30"	Occultation de γ, du Taureau.
10	57	58	Occultation de la plus septentrionale des deux Etoiles appelées ϑ, du Taureau.

Le 13 Janvier 1737, au matin.

3^h	14'	20"	Emersion d'*Aldebaran*.

On a conclu l'heure vraye, par les observations du Soleil au Méridien, faites le 12 & le 13 Janvier.

Le 11 Mars 1737, au soir.

Temps vrai.

7^h	35'	9"	Occultation de λ, des Gemeaux.

I I.

Eclipse horisontale de Lune.

Le 16 Mars 1737, au soir.

Temps vrai.			Quantité de l'Eclipse.		
6^h	23'	55"	5 doigts	0'	
	25	30			*Le Promontoire aigu* sort de l'ombre.
	28	0	4	56	
	28	30			l'ombre au bord de *Mare humorum*.
	35	0	4	0	
	39	30	3	29	
	40	20			l'ombre au bord de *Langrenus*.
	43	40			*Tycho* à moitié découvert.
	47	0			*Mare nectaris*, hors de l'ombre.
	47	30	2	37	
	49	15	2	21	

6h 51′ 45″		2doigts 7′	
53 35		1 56	
7 2 10	Fin de l'Eclipse, avec une Lunette de 7 pieds.		
2 35	Fin de l'Eclipse, avec deux Lunettes cata-dioptriques, de 15 pouces.		
2 50			

III.

Nous avons encore une observation d'une Eclipse d'Etoile par la Lune, faite sur une de nos montagnes.

Le 2 Août 1736, au matin, sur Pullingi.

On compara peu de temps avant l'observation, deux excellentes Montres.

5h 36′ 0″½ la montre *R*		differ. 9′ 44″½
5 26 15 la montre *G*		

à 5h 46′ 42″ de la montre *R*. Immersion d'*Aldebaran*, sous le disque éclairé de la Lune.

Comparaison des deux montres.	5h 49′ 0″ *R*	différence	9 45
	5 39 15 *G*		

Hauteurs du bord supérieur du Soleil à l'Orient, avec le Quart-de-cercle de 2 pieds de rayon.

R....	5h	59′	14″	..... 16°	20′	0
G....	5	49	22			
R....	6	4	16½	 16	50	0
G....	5	54	30½			
R....	6	9	20	 17	20	0
G....	5	59	32			

Hauteurs Méridiennes du bord supérieur du Soleil.

Le 1.er Août .... 41° 35′ 10″
Le 2 .... 41 20 0

Par ces observations, nous avons conclu que l'Immersion d'*Aldebaran*, s'est faite à 5h 45′ 0″ de temps vrai.

K iiij

On pourra encore se servir, pour déterminer la longitude de Torneå, des observations du Soleil à l'Equinoxe, *(p. 141)*. Nous l'avons prise dans nos calculs, de $1^h\ 23'$ plus orientale que celle de Paris. On la déterminera plus exactement lorsqu'on aura toutes les observations correspondantes à celles-ci, & qu'on les comparera toutes ensemble.

CHAPITRE VIII.

Déclinaison de l'Aiguille Aimantée.

NOUS avons observé la déclinaison de l'Aiguille Aimantée, avec une Boussole de cuivre, d'environ 10 pouces de diametre, en regardant à travers les pinnules de son Alidade, un objet placé dans la Méridienne, du petit observatoire bâti sur le fleuve: & prenant le milieu de ce que donnoient les observations faites avec quatre Aiguilles différentes, nous avons trouvé que la déclinaison de l'Aiguille Aimantée étoit à Torneå en 1737, de 5° 5' du Nord à l'Ouest.

M. Bilberg l'avoit trouvée en 1695, de 7° du même côté.

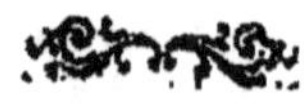

OBSERVATIONS FAITES AU CERCLE POLAIRE.

LIVRE TROISIE'ME.

Mesure de la Pesanteur au Cercle Polaire.

CHAPITRE PREMIER.

Sur la Pesanteur en général.

QUELLE que soit la cause de la Pesanteur, on la peut concevoir comme une force inhérente aux corps, qui les anime, pour ainsi dire, & qui les sollicite à tomber perpendiculairement à la surface de la Terre: & si l'on compare les effets de cette force, lorsqu'elle fait tomber une pierre vers la Terre, à ce qu'il faudroit qu'elle fût pour retenir la Lune dans son orbite; on trouve par le calcul, que la Pesanteur que nous éprouvons ici bas, s'étend jusques dans la région de la Lune, & qu'elle y regle son mouvement. La Pesanteur faisant non-seulement tomber les corps qui sont à notre portée vers la Terre, mais retenant encore dans son orbite la Lune qui tourne autour, l'analogie conduit à croire que chaque Planete, & le Soleil même, ont aussi leur Pesanteur, capable des mêmes effets. La Terre, & toutes les Planctes sont, par rapport au Soleil, dans le cas où est la Lune par rapport à la Terre: la Pesanteur vers le Soleil les pourra donc retenir dans leurs orbites: & les mouvements des corps célestes s'accordent parfaitement, & sont soûmis à cette Pesanteur universelle. Voilà quels sont les effets de la Pesanteur dans les Cieux.

Je serois trop long si je parcourois tout ce qu'elle fait sur la Terre; c'est elle qui y opére presque tous les effets physiques. Tandis que pour la vaincre, on a inventé la plûpart des machines, elle est l'agent qui sert à mouvoir les autres.

Si nous ne pouvons pas connoître la cause de la Pesanteur, qui n'est peut-être pas connoissable pour nous, nous en connoissons une propriété bien essentielle:

c'eſt que cette force eſt répanduë dans tous les corps à raiſon de leur Maſſe ; chaque parcelle des corps poſſede, pour ainſi dire, une partie égale de la cauſe, quelle qu'elle ſoit, qui les fait tomber.

Il faut bien diſtinguer ici la Peſanteur d'un corps d'avec ſon Poids. La Peſanteur eſt cette force, conçûë comme diſtincte du corps, qui anime toutes ſes parties, & ſollicite chacune à tomber : d'où il arrive, que ſi l'on met à part la réſiſtance que l'air apporte au mouvement des corps qui tombent, le grand corps tombe auſſi vîte, & ne tombe pas plus vîte, que ne feroit la moindre des parties qui le compoſent, ſi elle étoit détachée de lui, & ſi elle tomboit ſeule de la même hauteur.

La Peſanteur dans un grand corps, n'eſt pas plus grande que dans un petit. Il n'en eſt pas ainſi du Poids ; il dépend non-ſeulement de la Peſanteur, mais encore de la Maſſe des corps. Le Poids d'un corps eſt d'autant plus grand, que ce corps eſt plus grand ; il eſt le produit de la Peſanteur par la Maſſe.

Mais la Peſanteur eſt-elle la même par toute la Terre ? Fera-t-elle par-tout tomber les corps de la même hauteur dans le même temps? On voit avec la moindre attention, que le moyen de s'en assûrer n'est pas d'en vouloir juger par le Poids d'un même corps, pesé dans différents païs. Si la Pesanteur est plus grande ou plus petite dans le païs où on le transporte, elle affectera les autres corps, contre lesquels on peseroit celui-là, comme celui-là même: & un corps qui pesoit à Paris une livre, paroîtra par-tout peser une livre.

Mais un Pendule qui oscille librement, soit attaché à un fil, soit à une verge infléxible, oscille avec une certaine vîtesse, qui dépend de la longueur du Pendule, & de la force de la Pesanteur. Et si l'on éprouve un tel Pendule, en lui conservant exactement la même longueur dans différents païs, il ne pourra plus arriver de différence dans la vîtesse de ses Oscillations, que de la part de la Pesanteur: car les différences qui se peuvent trouver dans les densités & les élasticités de l'air, n'apportent pas ici d'effet sensible; sur-tout si les températures de l'air sont les mêmes dans les païs où l'on fait ces expériences, comme on le peut connoître assés exactement avec le Thermometre. Si la

Peſanteur, dans le païs où l'on aura tranſporté le Pendule, eſt plus grande, ſes Oſcillations ſeront plus promptes; ſi la Peſanteur eſt moindre, elles deviendront plus lentes. C'eſt ce dernier Phénomene qui fut d'abord obſervé à la Cayenne par M. Richer; & c'eſt une des plus belles découvertes de la Phyſique moderne. La Peſanteur fut trouvée plus petite à la Cayenne qu'à Paris; & l'on trouva auſſi-tôt une cauſe fort vraiſemblable de ce Phénomene.

Tout corps qui circule, fait un effort continuel pour s'écarter du centre de ſon mouvement : cet effort vient de la force qu'a la matiére, pour perſévérer dans l'état où elle ſe trouve une fois, de repos ou de mouvement; & un corps qui décrit un cercle, décrit à chaque inſtant une petite ligne droite, qui fait partie de ſa circonférence. Ce corps à chaque inſtant fait donc effort pour continuer à ſe mouvoir dans la direction de cette petite ligne; & c'eſt de cet effort que naît la Force centrifuge.

Si la Terre tourne autour de ſon axe, chacune de ſes parties fait donc effort pour s'écarter du centre de ſon mouvement; & cet effort eſt d'autant plus grand, que le cercle qu'elle décrit est plus grand; que cette partie est plus proche de l'Equateur. Or, cet effort tendant à éloigner les corps, de la Terre, est opposé à la Pesanteur qui tend à les en approcher: il diminuë donc une partie de la Pesanteur; & une partie d'autant plus grande, que les lieux sont plus près de l'Equateur. Si donc la Pesanteur primitive, que j'appellerai *Gravité,* pour la distinguer de la Pesanteur diminuée par la Force centrifuge; si, dis-je, la Gravité étoit d'abord la même par-tout, la Pesanteur actuelle du corps, se trouvera plus petite vers l'Equateur, & ira en augmentant vers les Poles, où enfin elle ne reçoit plus de diminution de la Force centrifuge; parce que les Poles ne participent point au mouvement de la Terre autour de son axe.

Cette théorie de la Pesanteur est très-vraisemblable; & elle a été confirmée par toutes les expériences qu'on a faites vers l'Equateur.

Cependant on peut dire que lorsque nous sommes partis, l'on n'étoit peut-être pas absolument sûr que la Pesanteur observât par-tout une diminution réguliére en allant vers l'Equateur; quoique toutes les obſervations qu'on a faites dans l'Amérique, donnaſſent une diminution. Comme on ne connoît point la cauſe phyſique de la Peſanteur, on pouvoit douter ſi cette diminution qu'on y a obſervée, venoit de ce que la Force centrifuge fait perdre à la Gravité, ou, ſi cette diminution auroit quelque cauſe particuliére, combinée avec la Force centrifuge: ſi la Gravité primitive n'auroit pas elle-même des variations reglées, ou peut-être même des irrégularités. Quelques expériences faites par d'habiles obſervateurs, pouvoient confirmer dans cette penſée. M. Picard ne trouva pas en Danemark le Pendule qui battoit les ſecondes, plus long qu'à Paris, comme il devoit l'être, & même il ne le trouva pas plus long qu'à l'extrémité de la France la plus méridionale. En un mot, on n'avoit conclu juſqu'ici la diminution de la Peſanteur vers l'Equateur, que par des expériences faites vers l'Equateur à la vérité, mais toutes dans des lieux trop peu éloignés les uns des autres, pour pouvoir s'aſſûrer que par toute la Terre, la Peſanteur va diminuant du Pole vers l'Equateur.

Il ſeroit peut-être à ſouhaiter qu'on fît

des expériences, pour s'assûrer si la Pesanteur dans les Indes Orientales aux mêmes degrés de latitude que Cayenne, S.t Domingue, & la Jamaïque, reçoit les mêmes diminutions qu'on a éprouvées dans l'Amérique. Mais rien ne pouvoit être plus utile pour la décision d'une question si importante, & pour la Physique en général, que d'aller observer la Pesanteur dans les païs les plus septentrionaux; sur-tout après les soupçons que les expériences de M. Picard en Danemark, pouvoient jetter sur cette matiére.

Qu'on se souvienne de la différence que j'ai mise entre la Gravité & la Pesanteur; la Gravité est cette force telle qu'elle feroit tomber les corps vers la Terre, si la Terre étoit en repos; la Pesanteur est cette même force, mais affoiblie par la Force centrifuge, qui vient du mouvement de la Terre: ce n'est que cette force, déja diminuée, & confonduë avec la Force centrifuge, que nous pouvons mesurer par nos expériences. Mais si nous la connoissons bien, nous pourrons parvenir à démêler en elle ce qui appartient à la Gravité, & ce qu'en a retranché la Force centrifuge.

On n'a recherché jusqu'ici les différentes

Pesanteurs

Pesanteurs en différents lieux, que pour déterminer la figure de la Terre, par l'équilibre de ses parties. Mais cette détermination n'est qu'un des moindres objets de la théorie de la Gravité.

Si la Gravité primitive étoit bien connuë, elle détermineroit non-seulement la figure de la Terre, mais elle démontreroit encore le mouvement de la Terre autour de son axe.

Si au contraire on part du mouvement de la Terre autour de son axe, comme d'un fait dont je ne crois pas qu'aucun Philosophe doute aujourd'hui; & qu'on connoisse d'ailleurs la figure de la Terre, les différentes Pesanteurs nous feront connoître quelle est dans chaque lieu la Gravité primitive.

On pourra découvrir, si, malgré les différences qu'on aura observées dans la Pesanteur, la Gravité primitive est par-tout la même, & tend vers un centre, comme le supposoit M. Huygens, ou si elle est différente en différents lieux, & dépendante de l'Attraction mutuelle des parties de la matiére, comme le prétend M. Newton; si elle varie suivant quelqu'autre loy; & vers quels points elle tend. Enfin, la connoissance de la Gravité vers la Terre, pourra conduire à la Gravité universelle, qui est le principal Agent de toute la machine du Monde.

CHAPITRE II.

Expériences faites à Pello sur la Pesanteur.

I.

NOUS voulions faire nos expériences sur la Pesanteur, le plus près du Pole qu'il nous étoit possible; nous les fîmes à Pello, dont la Latitude est de 66° 48′.

Ces expériences, qui ne sont pas difficiles ailleurs, avoient dans ce pays de grandes difficultés: & sans le soin qu'il faut apporter à les vaincre, on trouveroit bien du mécompte dans cette matiére. Le grand nombre d'expériences que nous avons faites, & le grand nombre d'instruments dont nous nous sommes servis, nous ont appris combien il faut être attentif aux moindres circonstances; & ceux (s'il y en a jamais) qui entreprendront de telles expériences, dans des pays si rudes, sentiront toute la nécessité des précautions que nous avons prises, & du détail que nous en donnons.

Ce sont les difficultés qu'on trouve dans ces expériences, qui ont empêché M. de la Croyere de faire les siennes à Kola & à Kilduin, & qui le déterminérent à renoncer à l'avantage de les faire dans ces pays, pour les faire à Archangel, qui est plus éloigné du Pole. Pour nous, que le grand nombre, & tous les secours imaginables, mettoient à portée de vaincre bien des obstacles, nous voulûmes mesurer la Pesanteur dans la Zone glacée.

Et c'est un avantage des expériences que nous allons donner, d'avoir été faites plus près du Pole qu'on n'en avoit jamais fait, sans que la rigueur du pays, ni les autres difficultés leur ayent rien fait perdre de la précision que demande une matiére si importante.

II.

L'instrument dont nous nous sommes servis pour connoître la différence de la Pesanteur entre Pello & Paris, est une Pendule d'une construction particuliére, dont M. Graham est l'auteur, & qui est destinée pour ces sortes d'expériences.

Le Pendule est composé d'une pesante Lentille qui tient à une Verge platte de cuivre. Cette Verge est terminée en enhaut par une piece d'acier qui lui est perpendiculaire, & dont les extrémités sont deux Couteaux, qui, au lieu d'être reçûs entre deux plans inclinés, ou entre des cylindres, portent sur deux tablettes planes d'acier, qui sont toutes deux dans le même plan horisontal. On est assuré de la situation de ce plan, lorsqu'une pointe, qui fait l'extrémité de la Verge du Pendule, répond au point o d'un Limbe, dans le plan duquel elle doit se trouver ; & ce Limbe sert à mesurer les arcs que décrit le Pendule.

Tout l'instrument est renfermé dans une boîte très-solide. Et lorsqu'on le transporte, on éleve avec une vis, par le moyen d'un chassis mobile, le Pendule, de maniére que le tranchant des Couteaux ne porte plus sur rien, & soit tout en l'air ; quoique la piece d'acier qui forme les Couteaux se trouve appuyée au défaut de leur tranchant. On attache au dedans de la boîte une piece de bois creusée pour recevoir la Lentille, & cette piece, après que la Lentille y a été mise, est recouverte d'une autre; de maniére que la Lentille ni la Verge ne peuvent avoir aucun mouvement. La ſeule liberté qu'ait la Verge du Pendule, c'eſt de s'allonger ou de s'accourcir, ſelon que le chaud ou le froid l'exige : rien ne la gêne à cet égard.

La Lentille a 6 pouces 10 $\frac{3}{4}$ lignes de diametre, & 2 pouces 2 $\frac{3}{4}$ lignes d'épaiſſeur au centre. Le Poids qui fait mouvoir l'inſtrument eſt de 11 liv. 14 $\frac{1}{2}$ onces, & ne ſe remonte qu'au bout d'un mois. Enfin on a attaché au dedans de la boîte un Thermometre de Mercure, dans lequel le terme de l'eau bouillante eſt marqué 0, & les nombres croiſſent comme les degrés de froid. M. Graham, en nous envoyant cet inſtrument, y joignit un mémoire des expériences qu'il avoit faites à Londres avec. Ce mémoire porte que lorſque le Thermometre étoit à 138, la Pendule accéléroit ſur le temps moyen de 4′ 4″ par jour. Que lorſque le Thermometre étoit à 127, la Pendule accéléroit de 3′ 58″; qu'ainſi une différence de 11 degrés dans le Thermometre produiſoit une différence de 6″ dans la marche de la Pendule.

Avec le Poids ordinaire, le Pendule décrivoit des arcs de 4° 20′; avec la moitié de ce Poids il décrivoit des arcs de 3° 0', & ces grandes différences dans les Poids & les arcs, n'ont causé dans la marche de la Pendule qu'une différence de 3" ½ ou 4" par jour, dont elle alloit plus vîte en décrivant les petits arcs.

On voit par-là combien cette Pendule est peu sensible aux petites différences dans le Poids, dans les arcs, & par conséquent dans la ténacité de l'huile: & combien on peut compter que son Accélération d'un lieu dans un autre, ne vient que de l'augmentation de la Pesanteur, ou du froid qui raccourcit la verge du Pendule.

III.

Pello est un village Finnois, qu'en remontant le fleuve de Torneå l'on trouve sur ses rives, dans une situation assés agréable. L'art de la maçonnerie y est absolument inconnu: on n'y voit que quelques cabanes de bois, dans lesquelles nous avons logé; mais qui n'avoient point la solidité qu'il falloit qu'elles eussent pour nos expériences, dans lesquelles nous avions besoin d'appuis inébranlables.

Nous avions fait bâtir sur la fin de l'été, dans une des chambres que nous occupions, un gros pilier de pierre rectangle, large de 6 pieds ſur une de ſes faces, & de 3 pieds ſur l'autre. On y avoit ſcellé différentes pieces de fer, pour fixer des lunettes & des Pendules. Ce mur avoit eu le temps de ſecher, & d'aſſûrer ſa ſituation. On y fixa une Lunette dirigée vers *Regulus*, fort près de ſon paſſage au Méridien : & ayant placé la Pendule avec toutes les précautions néceſſaires,

Regulus *paſſa au fil vertical du foyer de la Lunette.*

1737.

Le 3 Avril à 8^h 35′ 13″$\frac{1}{4}$ de la Pendule.

Le 4 Avril à 8^h 36′ 14″.

Le 5 Avril à 8^h 37′ 8″.

Par ces obſervations, la Pendule du 3 au 4, accéléroit ſur la révolution des Fixes, de 1′ $\frac{3}{4}$″.

Et du 4 au 5, la Pendule accéléroit de 54″.

I V.

Nous vîmes que cette inégalité dans la marche de la Pendule, venoit des différents degrés de froid & de chaud. Et que quoique la chambre où ſe faiſoient les obſervations fût aussi-bien close qu'il étoit possible dans ce pays, les différentes températures apporteroient à nos expériences un trouble qui leur ôteroit toute exactitude. On résolut de conserver toûjours la Pendule dans la même température. C'étoit une chose fort difficile, à cause du froid qu'il faisoit, & des changements extrêmes qui arrivoient d'une heure à l'autre à la température de dehors : il falloit jour & nuit avoir l'œil sur les Thermometres, pour augmenter le feu, ou faire entrer l'air extérieur dans la chambre. On y apporta cependant tant d'attention, qu'on parvînt à conserver toûjours la même température. Et la preuve la plus parfaite qu'elle s'étoit bien conservée, c'est la marche de la Pendule dans les expériences suivantes ; car elle auroit rendu sensible la moindre négligence. Nous parvînmes à la faire aller d'un mouvement aussi égal qu'on puisse exiger des meilleures Pendules, dans les climats les plus temperés.

V.

On commença le *6* à regler le feu dans la chambre des expériences, par le moyen de deux Thermometres de Mercure, dont on s'est servi dans ces expériences, tant au

Cercle Polaire qu'à Paris : l'un de la conſtruction de M. l'Abbé Nolet, d'après les degrés déterminés par M. de Reaumur, l'autre de M. Prins. Ces Thermometres ſont gradués différemment. Dans celui de M. l'Abbé Nolet, le terme de la congélation eſt marqué 0 : dans celui de M. Prins, ce même terme eſt marqué 32. Dans l'un & dans l'autre, les nombres croiſſent comme les degrés de chaleur ; & un degré de celui de M. l'Abbé Nolet en vaut à très-peu près deux de celui de M. Prins. Ces Thermometres étoient placés à côté & à la hauteur du milieu de la Verge du Pendule ; & furent toûjours tenus, celui de M. l'Abbé Nolet entre 14 & 15 degrés, & celui de M. Prins entre 60 & 62, pendant les cinq jours & les cinq nuits que durérent ces expériences.

Il étoit très-important dans ces expériences, non ſeulement que les Thermometres fuſſent à la même diſtance du feu que le Pendule, mais encore qu'ils fuſſent à la même hauteur ; car placés un peu plus bas, à la même diſtance du feu, le Mercure baiſſoit conſidérablement.

Les différences que la température peut cauſer dans la longueur du Pendule, ſont si considérables par rapport à celles qu'y cause l'augmentation de la Pesanteur, que si l'on n'apporte pas le plus grand soin à connoître & déterminer la température dans laquelle se font ces expériences, on n'aura jamais rien sur quoi l'on puisse compter.

Le Pendule décrivit toûjours des arcs de 4° 10', c'est-à-dire, fit ses Oscillations de 2° 5' de chaque côté du Limbe qui les mesure.

Voici les observations depuis qu'on eut reglé la température.

Regulus *passa au fil de la Lunette,*
1737.

Le 6 Avril à 8h	38'	1"	de la Pendule.
7 Avril à 8	38	54¼	
8 Avril à 8	39	48½	
9 Avril à 8	40	42	
10 Avril à 8	41	35.	

On voit par ces observations que du 6 au 10, la Pendule avoit accéléré de 3' 34"; ce qui donne pour son Accélération sur chaque révolution des Fixes, 53",5.

CHAPITRE III.

Observations faites à Paris, avec le même Instrument.

LA même température qu'on avoit euë à Pello, étant entretenuë jour & nuit à Paris, par le moyen des deux mêmes Thermometres, dont on s'étoit servi à Pello, & placés, comme ils y étoient; les Oscillations du Pendule étoient de 2° 10′ de chaque côté.

Sirius *passa au fil de la Lunette,*

1738.				
Le 28 Février à	8h	45′	40″	de la Pendule.
3 Mars. .	8	45	24	
4	8	45	19	
9	8	44	49	
10	8	44	43	
11	8	44	38	
12	8	44	32½	
13	8	44	27½.	

Donc pendant 13 révolutions des Fixes, la Pendule avoit retardé sur leur mouvement de 1′ 12″,5; ce qui donne sur chaque révolution, 5″,6.

CHAPITRE IV.

Accélérations de la Pendule.

I.

Accélération de la Pendule, de Paris à Pello.

NOus avons vû, *(page 170.)* qu'à Pello pendant une révolution des Fixes, la Pendule accéléroit sur leur mouvement, de 53″,5.
A Paris, *(p. 171.)* elle retardoit de 5″,6.
Donc de Paris à Pello, pendant une révolution des Fixes, la Pendule accélére de . . . . 59″,1

I I.

Accélération de la Pendule, de Paris à Londres.

M. Graham, sur les expériences de qui nous comptons, autant que sur les nôtres, avoit observé à Londres, que le Thermometre qui est attaché dans la boîte de la Pendule, marquant 127, la Pendule accéléroit sur le temps moyen de 3′ 58″ par jour; ou de 2″,1 sur une révolution des Fixes. Or, le degré 127 du Thermometre de la Pendule, répondant aux degrés 14 $\frac{1}{2}$ & 61,

de ceux par leſquels nous avons reglé la température, tant à Pello qu'à Paris ; les expériences à Londres & à Paris, ont été faites à la même température. Et les oſcillations étoient à Paris, comme à Londres, de 2° 10′ de chaque côté. La Pendule donc ayant accéléré à Londres ſur la révolution des Fixes, de . . . . 2″,1 ;
& retardé à Paris de . . . . . . 5″,6 ;
on a ſon Accélération de Paris à Londres, ſur une révolution des Fixes, de . . . . 7″,7.

CHAPITRE V.

Expériences faites avec d'autres Inſtruments.

NOus avions encore un autre inſtrument excellent pour ces ſortes d'expériences ; c'étoit une Pendule de M. Julien le Roy, dont l'exactitude nous a paru merveilleuſe dans toutes les obſervations que nous avons faites avec.

Comme le pays où nous étions eſt tout de Fer & d'Aimant, nous craignîmes les effets de quelque Magnétiſme dans les observations que nous voulions faire avec cette Pendule, dont la Verge étoit d'acier ; & nous voulûmes encore faire des expériences sur des Pendules de différentes Pesanteurs spécifiques. M. Camus, qui joint à ses autres connoissances, une connoissance singuliére de tous les arts, suppléa seul à tout ce qui manquoit dans un pays où l'on ne connoît guéres d'autres arts que la pêche & la chasse. Il fit fondre des métaux, il en forma au Tour, cinq Globes fort parfaits, dont chacun avoit 2 pouces $4\frac{1}{2}$ lignes de diametre, & de cinq métaux différents. Ces Globes étoient traversés chacun d'une Verge de cuivre, qui s'attachoit facilement au bout d'une autre Verge de même métal, qu'il avoit mise à la Pendule.

Ce fut dans le temps des expériences les plus exactes, que nous fîmes à Pello les 6, 7, 8, 9 & 10 d'Avril ; lorsqu'on tenoit la température jour & nuit la même, que nous comparâmes à la Pendule de M. Graham la Pendule de M. le Roy. On la fit aller pendant 12 heures avec chacun des cinq Globes, en chargeant le Poids qui la faisoit mouvoir, de la quantité de balles de plomb nécessaire pour que les Oscillations fussent toûjours de 3° 55′ de chaque côté, circonstance qu'on a aussi observée à Paris.

Voici les marches de la Pendule, avec les cinq différents Globes, tant à Pello qu'à Paris, exposée à la même température.

Pendant 12ʰ 0′ 0″ de la Pendule de M. Graham.

	à Pello.	à Paris.
Le globe de Plomb perdoit . .	9′ 14″$\frac{2}{3}$	9′ 14″
Le globe d'Argent perdoit . .	8 42	8 44
Le globe de Fer perdoit	5 29	5 29$\frac{1}{2}$
Le globe d'Etain perdoit . . .	6 6	6 8
Le globe de Cuivre perdoit . .	6 48	6 50

Quoique trois de ces Globes donnent une différence de 2″ dans l'Accélération de Pello ici, cette différence n'est pas considérable; & il est fort vraisemblable qu'elle est causée par la maniére dont les Verges des Globes s'ajustoient à la Pendule. Pour peu que ces Verges n'appliquassent pas précisément la même partie sur la même partie de celle qui étoit commune pour les cinq, les longueurs devoient être un peu différentes; mais quelle différence que celle qu'il faut pour causer ces 2″? Cependant ce sera toûjours une petite source d'erreur dans les expériences qu'on fera avec les Pendules, dont on ôte la Verge, lorsqu'on les transporte.

On voit par-là combien les bonnes Pendules sont propres à faire connoître l'augmentation ou la diminution de la Pesanteur. Et c'est une chose qu'on auroit peut-être eu peine à croire, si l'on n'en avoit pas fait l'expérience, que le peu de différence qu'apportent à ces expériences, des constructions aussi différentes que celle de la Pendule de M. Graham, & celle de la Pendule de M. le Roy : dans celle-ci, la Verge du Pendule est attachée par deux Ressorts, desquels on pouvoit craindre les différentes élasticités; les Globes différoient extrémement de la Lentille de M. Graham, tant par leur poids que par leur figure; enfin, l'arc que ces Globes décrivoient, étoit presque double de l'arc que décrivoit le Pendule de M. Graham.

Nous ne parlerons point ici de quelques autres expériences, qui donneroient l'augmentation de la Pesanteur plus grande à Pello que nous ne l'avons trouvée avec la Pendule de M. Graham, & celle de M. le Roy; parce que les instruments dont nous nous y sommes servis, étoient trop inférieurs à ces Pendules, pour devoir entrer en comparaison.

CHAPITRE VI.

CHAPITRE VI.

Réfléxions sur les augmentations de la Pesanteur.

I.

Comparaison de l'augmentation de la Pesanteur de Paris à Pello, avec celle qui résulte de la Table de M. Newton.

L'ACCÉLÉRATION que nous avons trouvée de Paris à Pello, est plus grande de 6",8 que celle qui résulte de la Table que M. Newton a donnée *(lib. 3. Phil. nat. Princip. Mathem.)* & suppose, suivant sa théorie, la Terre plus appiatie qu'il ne l'a faite.

II.

Comparaison de l'augmentation de la Pesanteur de Paris à Pello, avec celle qui résulte des Expériences faites à la Jamaïque.

Par les expériences de M. Campbell, faites à la Jamaïque, avec une Pendule de M. Graham, M. Bradley a formé une autre Table *(Phil. Transf. num. 432.)* d'après ce principe, employé par M.rs Newton & Huygens, que la Pesanteur croît de l'Equateur au Pole, comme le quarré des sinus

M

de Latitude : & l'Accélération de Paris à Pello, qui résulte de cette Table, surpasse de 4″, 5 celle que nous avons trouvée.

III.

Comparaison des augmentations de la Pesanteur avec celle qui résulte de la Théorie de M. Huygens.

Enfin, toutes les expériences que les Académiciens envoyés par le Roy au Pérou, ont faites, tant à S.t Domingue qu'à l'Equateur, s'accordent avec les nôtres à donner l'augmentation de la Pesanteur vers le Pole, plus grande que celle qui se trouve dans la Table de M. Newton : & par conséquent la Terre, selon sa théorie, plus applatie qu'il ne l'a faite. Toutes ces expériences s'écartent tant de la théorie de M. Huygens, *(Discours de la cause de la Pesant.)* selon laquelle cette augmentation devoit être encore moindre, qu'on ne peut pas douter que cette théorie ne s'écarte elle même de la vérité.

IV.

Comparaison de l'augmentation de la Pesanteur de Paris à Pello, avec l'augmentation de Paris à Londres.

L'Accélération de Paris à Pello, de 59″, 1

ſuppoſe de Paris à Londres, une Accélération de 9″,8 ; & nous la trouvons de 7″,7. Nous laiſſons à juger ſi cette différence eſt réelle, ou ſi elle a échappé à la préciſion de nos expériences : & dans ce dernier cas, quelle juſteſſe donneroit encore un inſtrument qui, apporté de Londres à Pello, de Pello à Paris, & éprouvé à Londres, à Pello & à Paris, s'accorde ainſi avec lui-même.

V.

Comparaiſon de la Peſanteur à Paris, avec la Peſanteur à Pello.

Le rapport de la Peſanteur à Paris, à la Peſanteur à Pello, eſt celui du quarré du nombre des Oſcillations du Pendule à Paris, pendant une révolution des Fixes, au quarré du nombre des Oſcillations à Pello dans le même temps ; c'eſt-à-dire, le rapport de 10000 à 10014.

VI.

Longueur du Pendule qui bat les ſecondes à Pello.

Enfin, ſi l'on veut avoir la longueur du Pendule qui bat les ſecondes à Pello, il n'y a qu'à comparer les quarrés des nombres des Oscillations faites en temps égal à Pello & à Paris, avec la longueur du Pendule à Pello, & celle du Pendule à Paris, où M. de Mairan l'a déterminée de 440,57 lignes par un si grand nombre d'expériences, & d'expériences faites avec tant de soin, qu'on est sûr que cette longueur est fort exacte. On trouvera par-là que la longueur du Pendule, qui bat les secondes à Pello, est de 441,17 lignes.

Voici une Table, que nous avons calculée d'après l'augmentation de la Pesanteur que nous avons trouvée entre Paris & Pello, & d'après le principe, que les augmentations de la Pesanteur, de l'Equateur vers le Pole, suivent à fort peu près la proportion du quarré des sinus de latitude. On y trouvera les augmentations de la Pesanteur exprimées de deux maniéres : par l'Accélération de la Pendule sur une révolution des Fixes; & par l'Allongement du Pendule qui bat les secondes, depuis l'Equateur jusqu'au Pole.

TABLE
DES ACCÉLÉRATIONS DE LA PENDULE; ET DES ALLONGEMENTS DU PENDULE; *depuis l'Equateur jusqu'au Pole.*

LATITUDE du LIEU.	ACCÉLÉRATION de la Pendule pendant une révolution des Fixes.	Parties de Ligne, & Lignes d'Allongement du Pendule.
0°	0″	0
5	1,6	0,016
10	6,4	0,065
15	14,3	0,145
20	24,9	0,254
25	38,1	0,387
30	53,3	0,542
35	70,2	0,713
40	88,1	0,896
45	106,6	1,084
50	125,1	1,273
55	143,1	1,455
60	159,9	1,626
65	175,1	1,781
70	188,3	1,915
75	198,9	2,023
80	206,8	2,103
85	211,6	2,152
90	213,2	2,169

CHAPITRE VII.

Maniére de trouver la Direction de la Gravité.

PROBLEME.

LA Figure de la Terre étant connuë, & le rapport de la Pesanteur sous l'E'quateur, à la Pesanteur sous une Latitude donnée étant connu, trouver l'angle que forme la direction de la Pesanteur actuelle, avec la direction de la Gravité primitive, ou le point de l'axe de la Terre, vers lequel tend la Gravité!

Fig. 18. Soit le Sphéroïde *APap*, qui représente la Terre, dont *Pp* est l'Axe, & *Aa* le diametre de l'E'quateur. Soit sous l'E'quateur, c'est-à-dire en *A*, la Gravité représentée par *AG*, & la Force centrifuge représentée par *AQ*, la Pesanteur y sera représentée par *AH*, après qu'on aura retranché *HG* $=$ *AQ* de *AG*.

Soit dans quelqu'autre lieu *D* de la Terre, la Pesanteur représentée par *DT*. Par les Loix de l'Hydrostatique, la direction de la Pesanteur devant être par-tout perpendiculaire à la surface de la Terre, *DT* sera perpendiculaire à la Tangente du Sphéroïde en *D*.

Si l'on prend ſur *FD* prolongé, $DZ = \frac{DF \times AQ}{AC}$, *DZ* repréſentera la Force centrifuge en *D*, & ſa direction ſera ſuivant *DZ*.

Ayant donc tiré du point *T*, les lignes *TN* & *TS*, paralleles & perpendiculaires à l'Axe, & formé le rectangle *DNTS*, la Peſanteur eſt décompoſée en deux forces, l'une qui agit ſuivant *DS*, qui n'a reçû aucune altération par la Force centrifuge, l'autre qui agit ſuivant *DF*, qui a été diminuée par cette Force.

La Force centrifuge a retranché de cette derniére force, la quantité $DZ = \frac{DF \times AQ}{AC}$, qu'il faut r'ajoûter à la force ſuivant *DF*, pour avoir la force entiére de la Gravité ſuivant *DF*. Faiſant donc $NV = DZ$, & tirant par *V*, la ligne *VO*, parallele à l'Axe, les lignes *VO*, *SO*, repréſentent les forces qui réſultent de la Gravité : leur diagonale *DO*, repréſente cette Gravité elle-même ; & le petit angle *ODT* eſt celui que forme la direction de la Peſanteur, avec la direction de la Gravité.

Fig. 18. La Force centrifuge sous l'Equateur étant la 288.e partie de la Pesanteur, on a $AQ = \frac{1}{288} AH$; & $DZ = \frac{DF \times AH}{288\ AC} = TO$. Ayant tiré d'un point infiniment proche de D, la ligne dM, parallele à DE, & du point T, la ligne Tt, perpendiculaire sur DO, l'on a, à cause des triangles semblables, $Dd : Md :: TO : Tt$, ou $Dd : Md :: \frac{DF \times AH}{288 \times AC} : Tt = \frac{Md \times DF \times AH}{288 \times Dd \times AC}$, c'est le sinus de l'angle TDO, dont le rayon est DT.

On a donc cet angle

$$\frac{Tt}{DT} = \frac{Md \times DF \times AH}{288 \times Dd \times AC \times DT}.$$

Cette formule contenant l'angle des deux directions, de la Pesanteur & de la Gravité; la Latitude du lieu qui est exprimée par $\frac{Md}{Dd}$; le rayon de l'Equateur, & le rayon du Cercle parallele, sous lequel se font les expériences; & le rapport de la Pesanteur du lieu, à la Pesanteur sous l'Equateur; il est facile d'en tirer plusieurs Théoremes, selon qu'on voudra supposer données les unes ou les autres de ces choses.

FIN.

Delahaye sculpsit 1736.

I.

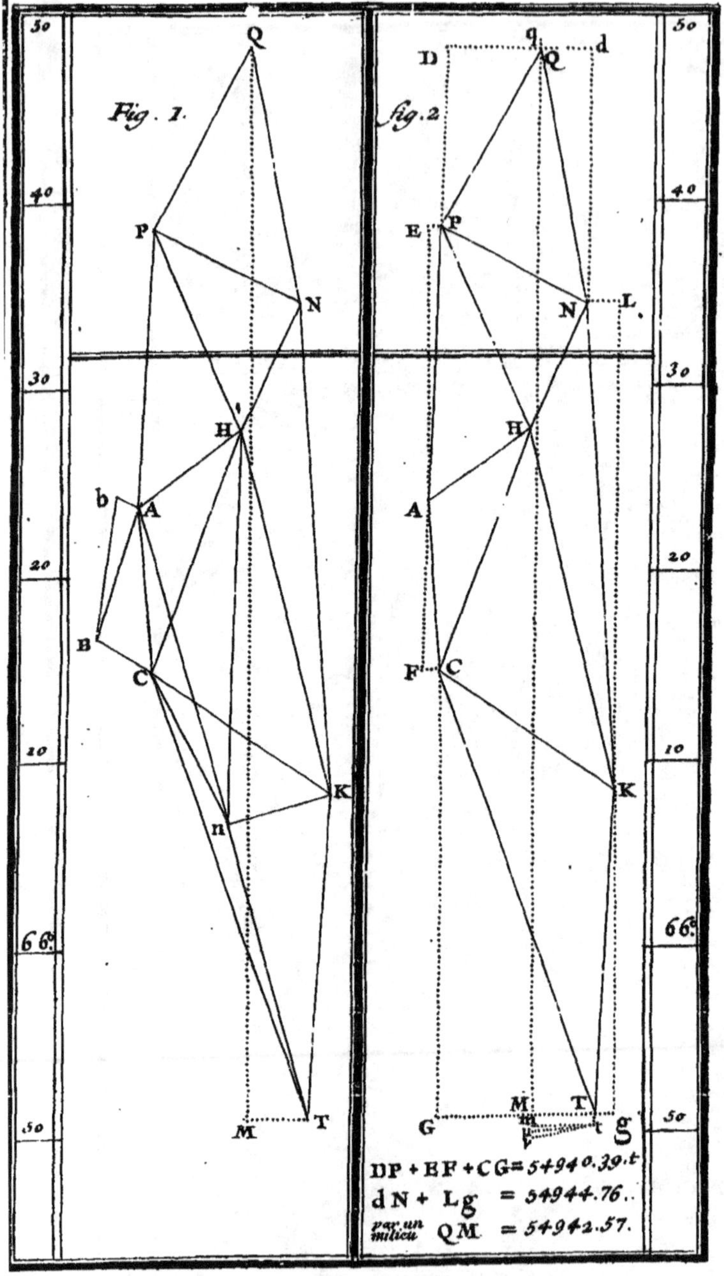

Fig. 1.

fig. 2

DP + EF + CG = 54940.39.t

dN + Lg = 54944.76.

par un milieu QM = 54942.57.

II.

Fig. 3.

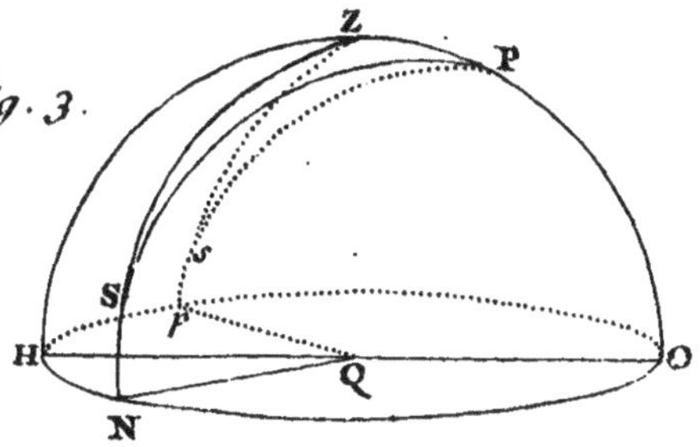

Z P S s H r Q O N

Fig. 4.

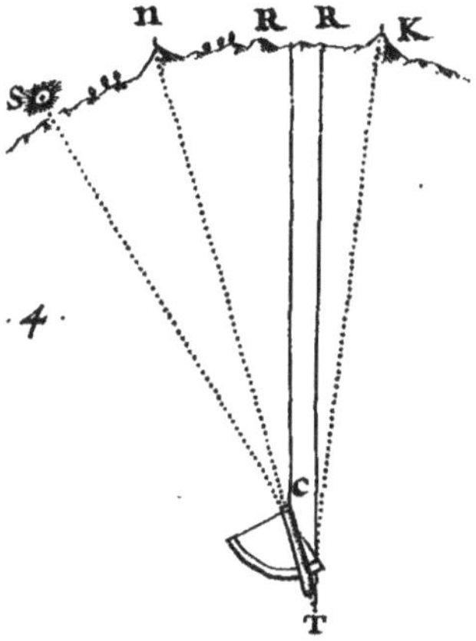

n R R K S C T

Fig. 5

n RR K S C T

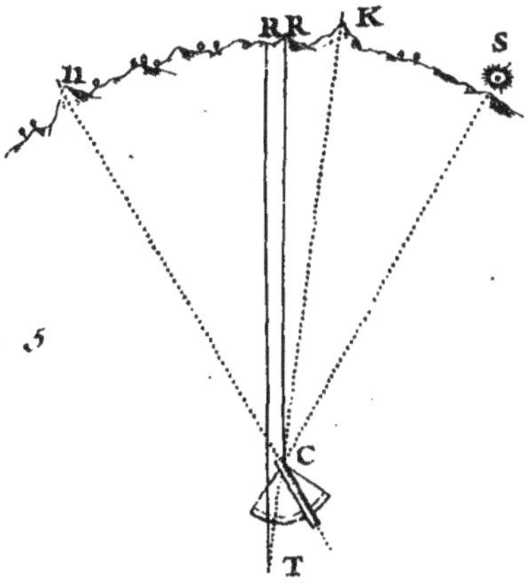

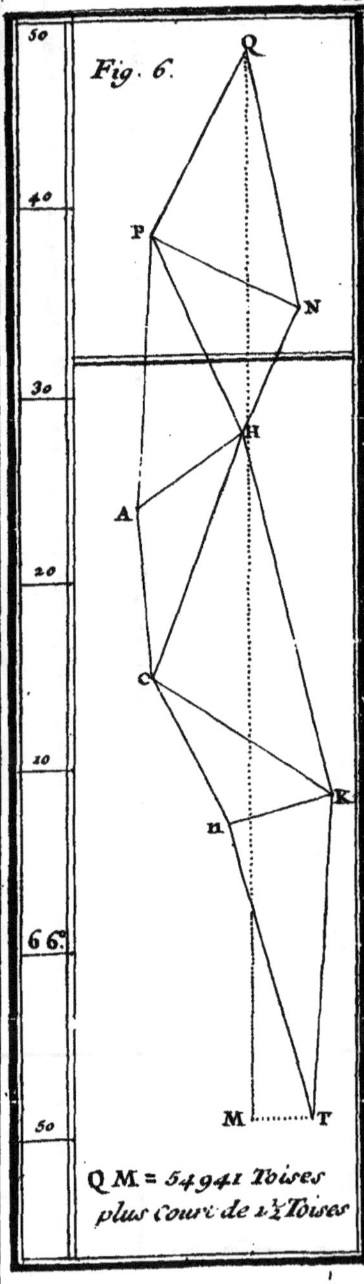

Fig. 6.

Q P N H A C K n M T

50 40 30 20 10 66° 50

QM = 54941 Toises plus Court de 1½ Toises

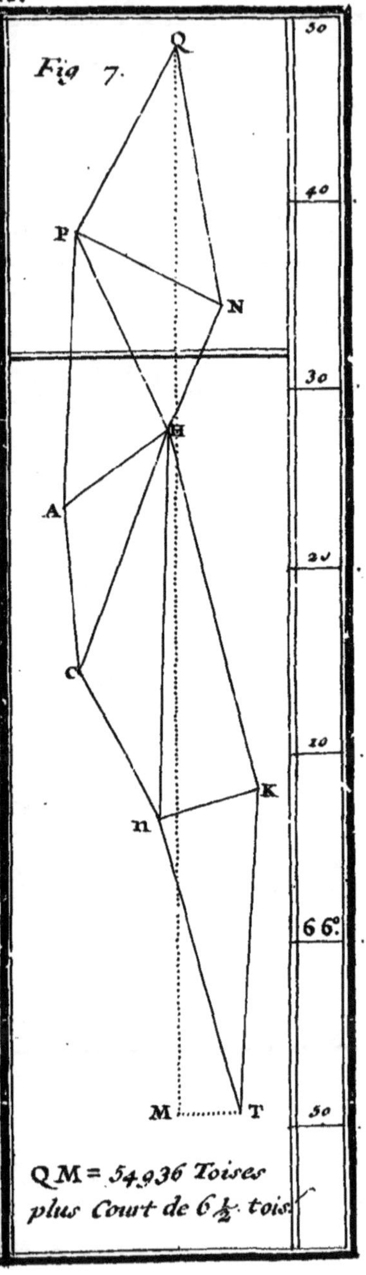

Fig 7.

Q P N H A C K n M T

50 40 30 20 10 66° 50

QM = 54936 Toises plus Court de 6½ tois.

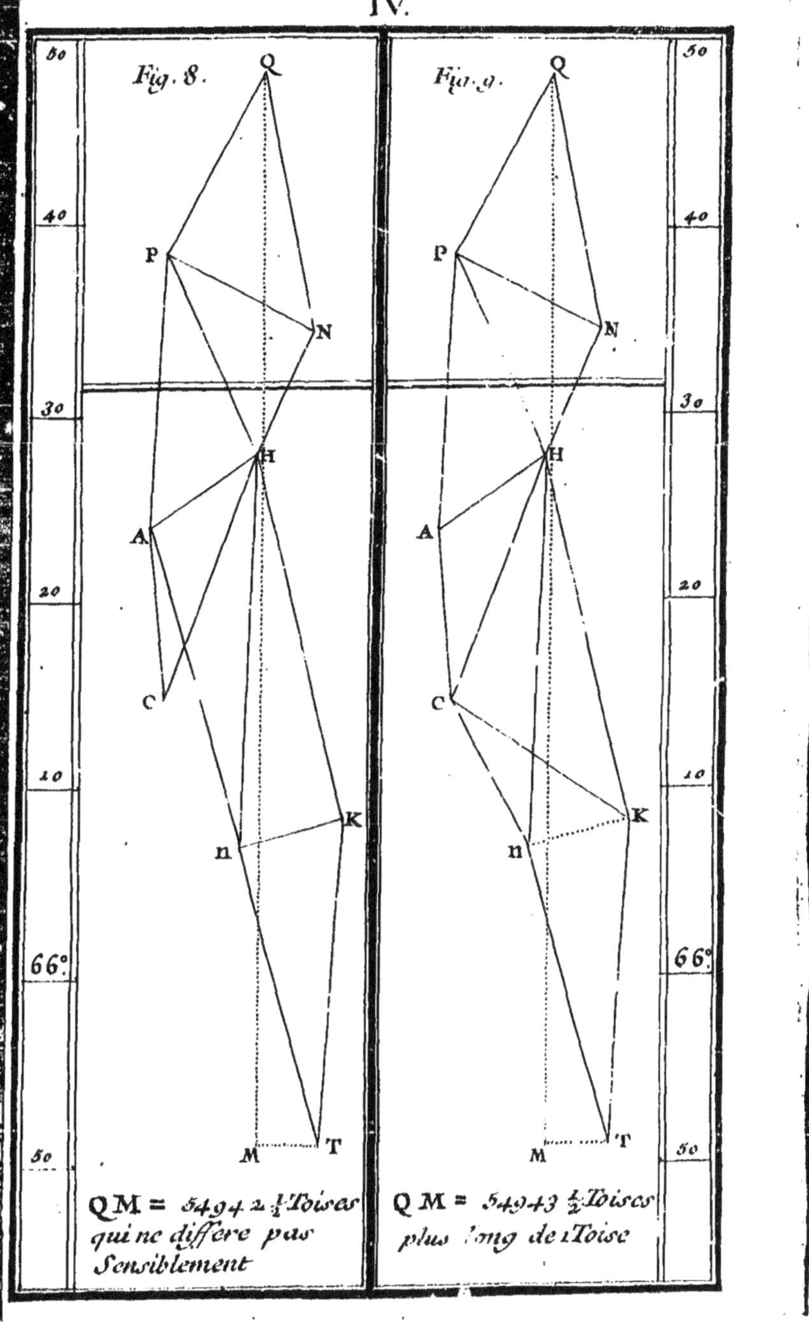
IV.
Fig. 8.
Fig. 9.
Q
P
N
H
A
C
K
n
M
T
50
40
30
20
10
66°
50
QM = 54942 ¼ Toises
qui ne differe pas
Sensiblement
QM = 54943 ½ Toises
plus long de 1 Toise

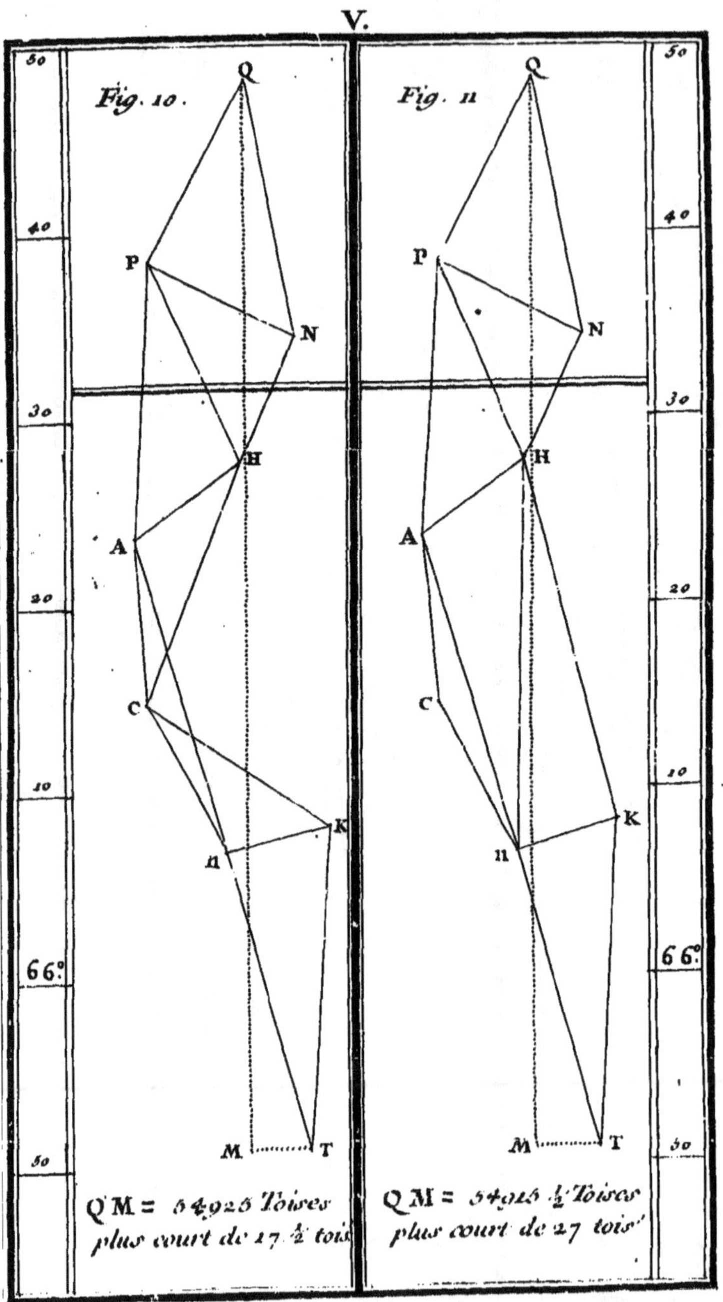
V.
Fig. 10.
Fig. 11
Q
P
N
H
A
C
K
n
M
T
50
40
30
20
10
66°
50
QM = 54925 Toises
plus court de 17 ½ tois
QM = 54915 ½ Toises
plus court de 27 tois

VI.

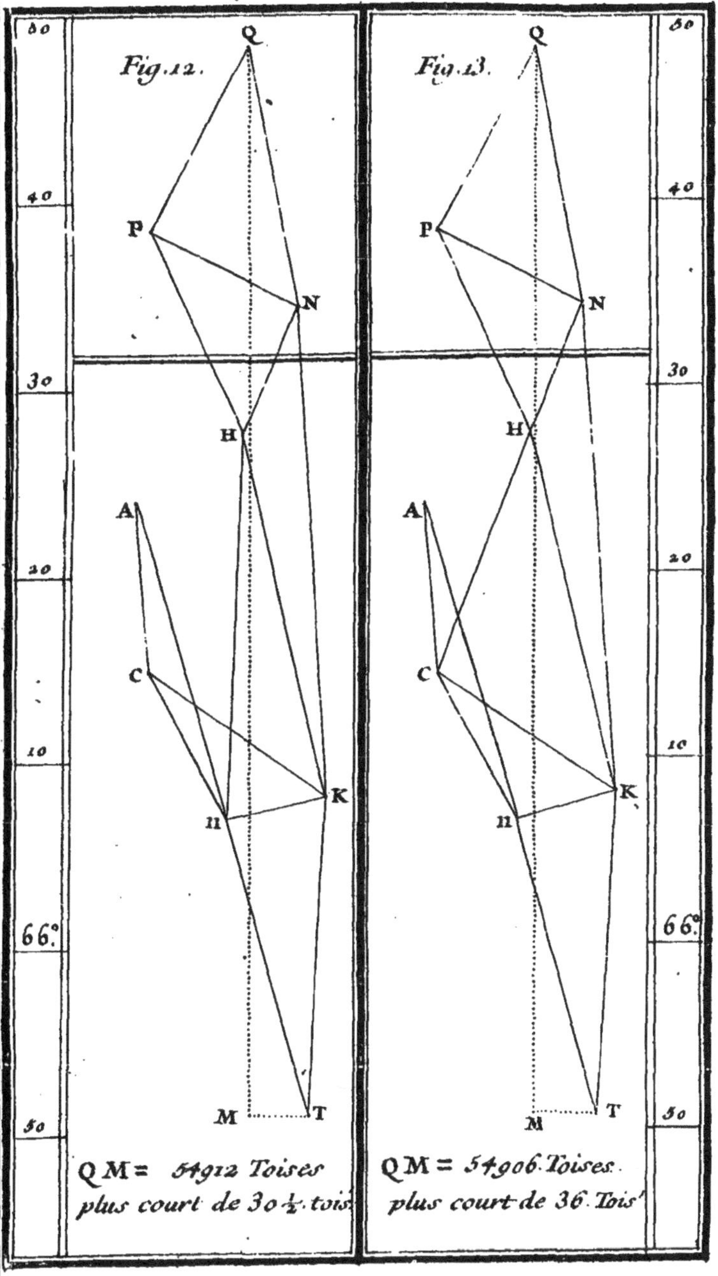

Fig. 12.

50 40 30 20 10 66°. 50

Q P N H A C K n M T

QM = *54912 Toises*

plus court de 30 ½. tois.

Fig. 13.

50 40 30 20 10 66°. 50

Q P N H A C K n M T

QM = *54906. Toises.*

plus court de 36. Tois.

VII.

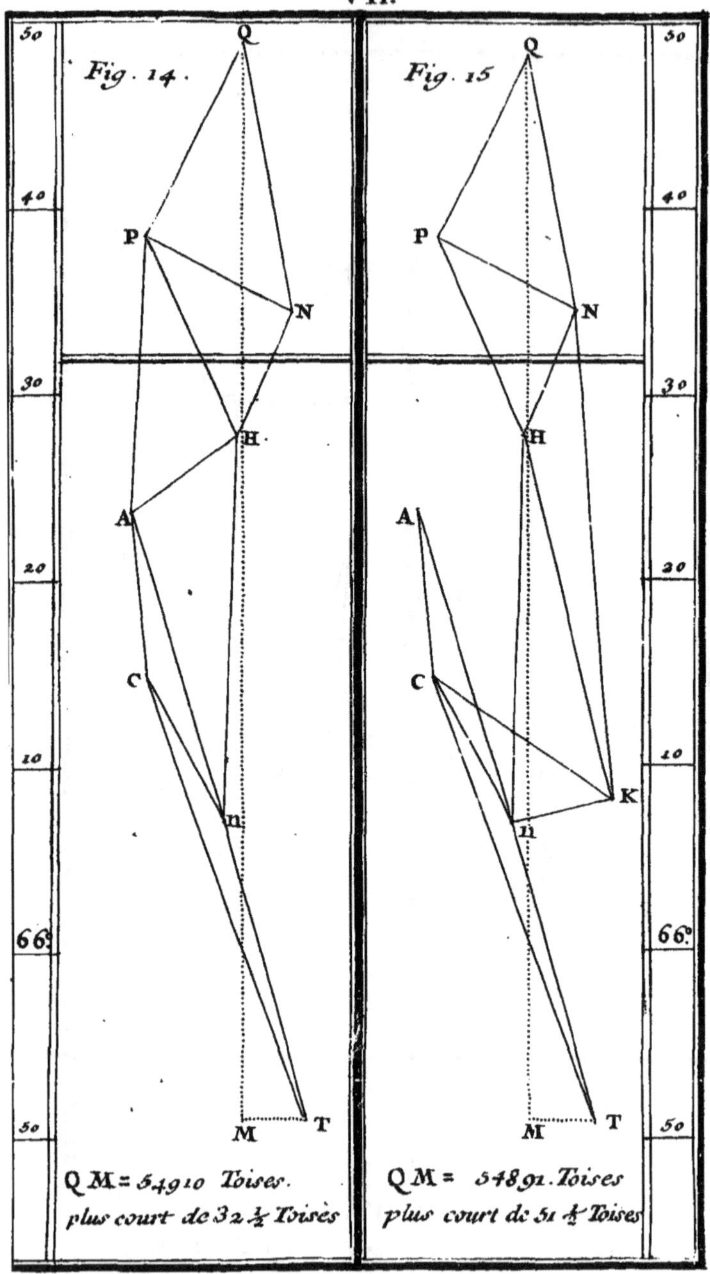
Fig. 14.
Fig. 15
Q
P
N
H
A
C
n
M
T
K
50
40
30
20
10
66°
50
QM = 54910 Toises.
plus court de 32 ½ Toises
QM = 54891. Toises
plus court de 51 ½ Toises

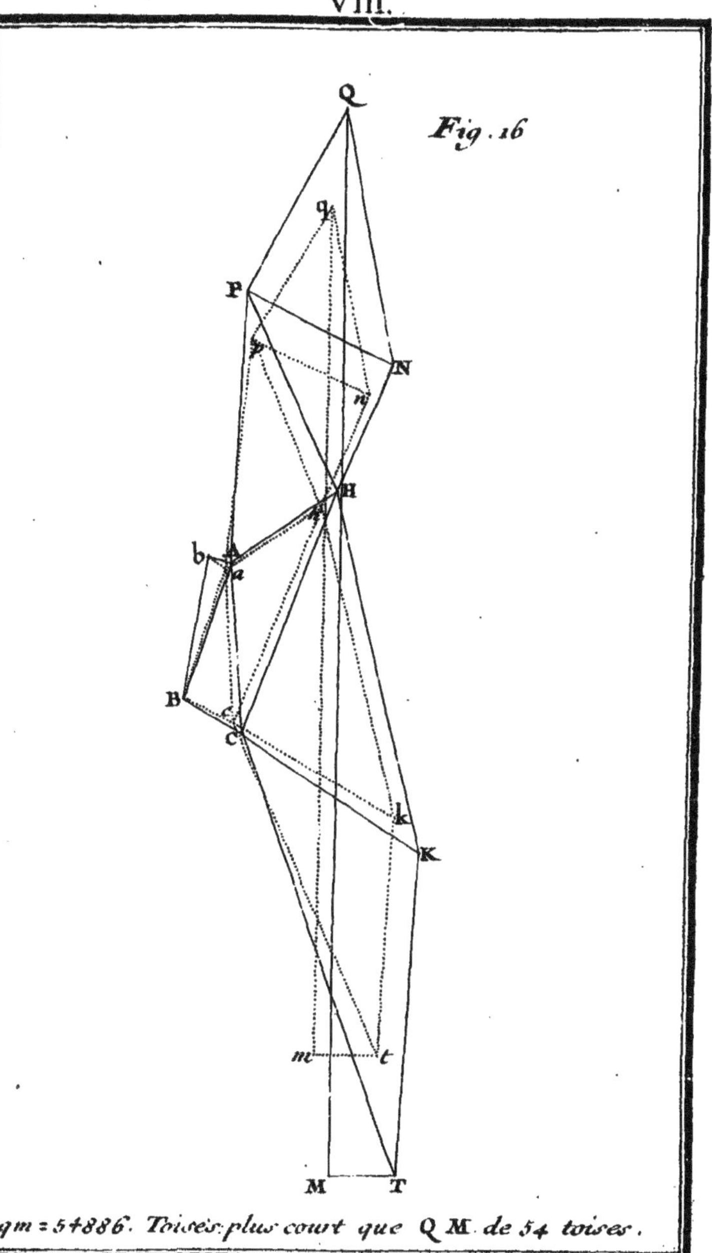

qm = 54886. Toises plus court que QM de 54 toises.

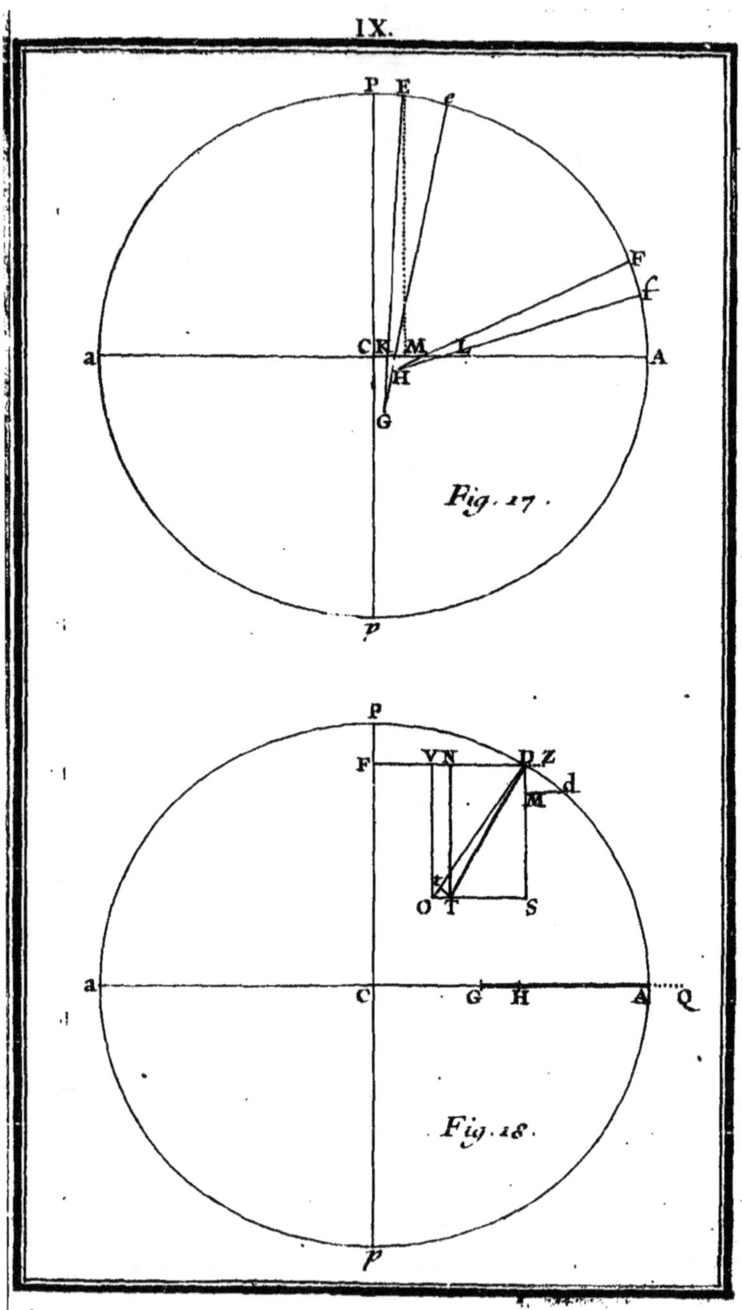

Fig. 17.

Fig. 18.

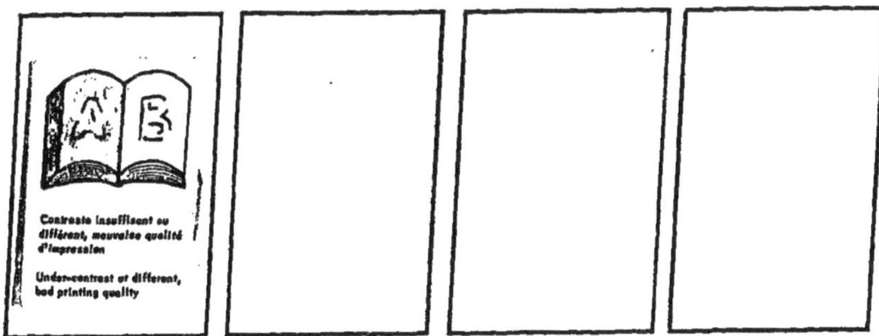

Contraste insuffisant ou différent, mauvaise qualité d'impression

Under-contrast or different, bad printing quality

www.ingramcontent.com/pod-product-compliance
Lightning Source LLC
LaVergne TN
LVHW020602230826
846091LV00002B/572

* 9 7 8 2 0 1 9 1 3 8 2 3 3 *